reveal
secrets

VJ
大揭密

從零開始掌握軟體
操作與舞台視覺設計

Preface 作者序

　　我從小就是電視兒童，喜歡尋求眼部的刺激，也喜歡到處跑，覺得人生只有一次，需要尋求歡樂的工作，喜歡熱熱鬧鬧的環境，於是，我統整了這些條件後，終於找到了符合我心目中的職業：VJ。

　　而在撰寫這本書之初，我只是想為自己的工作做記錄，因為我們都是一張空白的紙就上戰場去，到了現場才開始學習，有很多新人因為太緊張害怕而打退堂鼓，前輩們則安慰我們說不用緊張看久了就會了，我們都是這樣過來的。

　　也是因為有做些紀錄，才驚覺原來我在工作上有遇到過這麼多問題，再與同事討論後才發現這個產業中，其實也有很多人面臨相同的問題，例如，我們總是覺得分不清楚線材，這頭不都長的一樣，為什麼不能用？（明明就不一樣）。除了有的長得很像外，線路怎麼走？要怎麼配置，或是哪個訊號又斷掉了，該從哪裡檢查起？常常要思考很久，又或者這行業是不是缺乏一套完整的標準作業程序（SOP）流程或教學資源。因此，當初次進入這個行業的時候，常常需要花費大量時間來搜尋資料以及摸索經驗。

　　過去，我都會想像要是有一本這樣的工具書，在前期的時候，就可以分析自己的心態是否適合，或是，還需要哪些技能的補充，讓我可以更快的進入狀況，更快上手或可以支援其他人，畢竟在現場，時間總是過得特快，分秒必爭，狀況也是千變萬化。

　　所以，我想將這些筆記分享並撰寫在這本工具書裡，希望這本工具書能成為學生們和職業轉換者的指南，並且能提供大家快速學習的方法和技巧，在踏入 VJ 的世界時，可以先初淺的認識這個行業，以及熟練軟體技巧，並能了解即將進入的環境內容，並在大家喜歡、熱愛的事業裡，更能投身其中、更快到達目的地，並且創造出自己的價值。

現任 INCUMBENT

+ Infamous Visual Team資深執行製作
+ 33在幹嘛粉絲頁主理人
+ 校園分享講師

專長 EXPERTISE

影片剪輯、3D動態、影像排版設計、影像特效模擬製作、節目包裝設計、腳本編排

經歷 EXPERIENCE

+ 壹電視新聞節目包裝與AR虛擬景設計
+ 多媒體互動動畫設計
+ 電競比賽AR節目包裝規劃

+ 「回到初心，把愛穿回來」公益活動－統籌
+ 33在幹嘛校園分享講師

展演經歷 PERFORMANCE EXPERIENCE

+ **2023**
  萬芳演唱會、The Glenlivet_Taipei、AUO-Automotive－參與製作或執行

+ **2022**
  八三夭演唱會、周華健直播演唱會、GCS夏季賽、伍佰成功之路、陶晶瑩演唱會－參與製作或執行

+ **2021**
  現代汽車發表會、友達AmLED - mini LED、聚陽記者會、Heng Chi Kuo《ALL YOU NEED IS LOVE》、World - Class、BENZ卡車展影像製作、GCS冠軍賽 & GCS例行賽場景－參與製作或執行

+ **2020**
  Acer 記者會、中華電信5G發表會、Porsche展覽影片、Jaguar發表會、周蕙演唱會、AORUS FI27Q-X Gaming Monitor－參與製作或執行

+ **2019**
  HCT-Hearthstone Global Games，Taipei、GCS（AR）、Golden Bell Awards、Bilibili 電競上海大師賽（AR）－參與製作或執行

+ **2018**
  LMS 2018 Summer Final，Taipei（AR）、Blizzard New Year Show（AR）、Beer Rock Festival，Kaohsiung（VJ）－參與製作或執行

Foreword I 推薦序 I

　　只要有注意電子舞曲，你一定被演算法推播過 Eric Prydz 驚人的 Holo Live 影像；Bass Music 的粉絲一定也無法忘記 DJ Excision 在 Lost Land Music Festival 的瘋狂視覺；你或許也曾為了真鍋大度為 Perfume 在坎城國際創意節（Cannes Lions）親手打造的舞台上 ，驚呼連連。

　　這些動態藝術的美好，我們多半沒有親臨現場，但光是從螢幕裡看到的畫面蹤跡，就足以記住一輩子了。利用即時製作或事先完成的素材，替音樂演出服務，將現場動態視覺結合聽覺烙印在樂迷的腦海中，這就是 VJ 的工作。

　　在現場演出的產業中，VJ 是個很少被提起的關鍵角色，卻又是工作量極大也極度複雜的職務。

　　33 擔任 VJ 工作時應變能力極好，就算不是相關科系出身，這些年來一直都是活動現場的穩定輸出好夥伴。我很訝異 33 居然花了這麼大的心血寫了這本工具書，在影像騎師這個孤獨且閉門造車的產業中，幾乎沒人願意分享細節與 know how；大都是瀏覽網路上的影片教學，自己摸索碰撞。

　　而這本書中的篇章，幾乎能讓想嘗試 VJ 的你直接上手。

　　你必須喜歡音樂，必須聽得懂音樂，然後善用畫面去延伸音樂，並且帶著足夠的技術知識跟美學能力，詮釋音樂所帶來的能量。除此之外，還要有足夠大顆的心臟，因為現場發生的每一秒都無法被重來。對於想要嘗試 LIVE VJ 演出的人，也在這裡先恭喜你，因為光是閱讀完這本書，你就已經算是踏上了這趟迷人的冒險旅途。

原英行銷執行創意總監

Foreword II 推薦序 II

音樂與我密不可分，是我選擇了音樂，也成為了我心靈的出口。從小我就非常敏感，而音樂能夠帶給我快樂和被了解的感覺。所以，即使我不一定了解歌手或是各種樂器，但音樂已深深地吸引著我！做唱片騎師已經是我多年來一直堅持的事情！

但你知道VJ是什麼嗎？它是一種將「音樂」和「影像」兩種素材結合的一種表演方式，甚至可以加入動畫，讓現場氣氛更好。所以，藉由VJ創造出的影像，能在舞台劇、音樂會、演唱會等不同場合中，營造出具有意境的氛圍，使聽眾更能融入現場外，也能使聽歌的樂迷，更加理解歌曲的意義，並更加樂在其中。

VJ是一個很棒的工作，雖然是幕後的角色，卻能拉近表演者和觀眾之間的距離！你不覺得很棒嗎？因為你的工作能賦予表演更多的意義！就像我的DJ工作，雖然已經工作多年，但每天卻都充滿著新鮮感，透過努力、想像力和創造力，都可以讓自己充滿正能量，且保持愉快的心情和眾人同樂！最重要的是，你的工作絕不會讓你感到無聊！

就像衫衫一樣，她從零開始摸索，到現在能夠推出一本VJ工具書，讓你更輕鬆地入門，並成功踏出VJ的第一步！我在她身上看見，在過程中遇到的困難並不重要，重要的是「知道如何成長、知道自己想要的是什麼」，只要不放棄且努力搞懂每個環節中最困難的部分，就能充滿自信地活出真實的自己。

衫衫說，「即使你對活動、舞台以及大螢幕中的視覺設計感到陌生，也不要擔心！」如果你對這些感到吸引力且充滿興趣，那麼不妨來看看這本書吧！

資深媒體人

Foreword III   推薦序 III

喂喂喂！你以為只是按下播放鍵就能在現場演出的大螢幕上播放動態影像了嗎？事情可沒有你想像中那麼簡單！無論是在演唱會、夜店還是各式各樣的現場活動，VJ 都扮演著極其重要的角色。

想要學會 VJ ？你需要軟硬兼顧。這本書是衫衫專為初心者所撰寫，用淺顯易懂的方式來介紹 Video Jockey（超酷的影像騎師）的工作內容，以及你需要學習的軟體和硬體知識。

身為 VJ，除了製作動畫的軟體以外；各種不同的 VJ 軟體也有不同的擅長領域，有些做專門針對精準投影調校所開發；有些則是濾鏡／外掛效果豐富，更有專門為大型演唱會等級所開發出能夠與各種硬體及燈光音訊同步的媒體伺服器。 在本書中衫衫將會列出市面上常見的 VJ 軟體；並且為你整理列出各款的優缺點分析。

硬體方面，衫衫也會帶你逐步了解各種不同形式的影像載體（投影？LED ？），以及看了就眼花的各種規格視訊線材；還有 VJ 行頭裡面看起來最酷炫的視訊切換器（Mixer）以及各式控制器（Controller）。

衫衫對於 VJ 領域有著深入的了解，而且非常熱衷於把這些知識和技巧傳達給更多人。不僅在書中詳細講解 VJ 的基礎知識，還分享了一些實用技巧和工具，讓你更好地理解和運用 VJ 的超酷技術。而且，書中還夾帶了許多實際案例，讓你一探究竟 VJ 是如何掌控現場的視覺呈現及各種應用。

總之，我強烈推薦這本書，相信它能成為對 VJ 入門和現場演出感興趣的人的必讀指南。別再猶豫了，快點抓一本來體驗這個超酷世界吧！

伍佰 & China Blue 演唱會視覺執行導演／Infamous Visual 視覺總監

CONTENTS

CHAPTER

**After Effects
教學**

Teaching After Effects

分析自身適合度的方法

WAYS TO ANALYZE YOUR FITNESS

> 無論在學、失戀、就職等,每個人都說要先了解自己,用說的都很簡單,透過他人角度了解自己也很簡單,但準確性呢?很多時候我們不願面對最真實的自己時,我們要怎麼了解自己?

Section 01

便利貼法

這是我分析事情常用的一個方式,雖然不一定萬事準確,但卻是一個隨手可得又好用的初步分析方法。

♦ **材料**:便利貼、紙、筆、腦袋。

♦ **方式**

❶ 準備一個主題,例如:分析自己的優勢與劣勢。

❷ 描述自己的個性、興趣、技能專長,並一一寫出來

❸ 拿出便利貼,把大項目分別寫在一張便利貼上,不管好的或不好的都寫出來。

❹ 分類便利貼,將相似的特質貼在一起,例如,將脾氣不好、急性子貼在一起,作為一個品項,以此類推。

❺ 將個性、興趣、技能分別做優缺點分析。

❻ 要以第三方來客觀描述,不能以理想方式寫,否則結果依然是幻想中的自己。

♦ **舉例**

寫下個人特質

小明比其他人還活潑外放,雖然脾氣不好又急性子、有時候很嘮叨又愛碎碎唸,但朋友也不少,另外還喜歡新奇有趣的事物,喜歡聽

各式各樣的音樂、挑戰每一座大大小小的山、四處搭棚露營吃野味、三不五時去 KTV 唱歌喝酒，還喜歡學習不同的語言，對於學習新軟體不排斥也學得很快，在工作上最熟悉的是平面設計外，外加一點 3D 建模，朋友們也喜歡我偶爾畫的插圖，平常也有加入環保團體做志工服務。

以大綱方式寫入便利貼

個性	活潑外放、脾氣不好、急性子、好奇心重、善良、人緣好、責任心強、善於照顧。
興趣	戶外活動、藝術欣賞、畫畫、學習新事物、唱歌、喝酒。
技能	平面設計、3D 建模、可以輕易融入團體生活、資訊吸收豐富。

將相似特質放一起

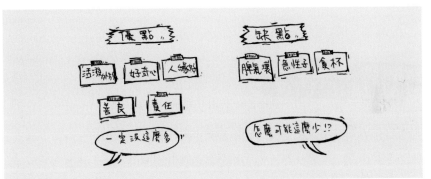

個性／優點	活潑外放、好奇心、善良與人緣好、善於照顧別人、責任心強。
個性／缺點	脾氣不好、急性子、貪杯。
興趣／優點	多以戶外活動為中心、欣賞畫畫與藝術相關類、喜歡研究新事物。
興趣／缺點	時間分配不夠用、酒喝太多傷身、在娛樂上花費太兇。

知道自己缺點後，就能大致分析出自己的整體性格，之後，再和自己的技能一起分析，是不是喜歡單打獨鬥？還是適合當個領導者？又或是一個適合打團體戰的人？把這些要素和想做的事情做比對，很快可以看到一些蛛絲馬跡。

STEP 4 結論

適合團體生活，或是當領導者，雖然愛喝酒，但在平面和3D上都能幫助到同事。且朋友多善於溝通又喜歡照顧人，平時在各方面有個人的休閒娛樂，應該也是位有趣的人。

但責任心較重就會花很多時間在工作上，遇到狀況沒達到自己要求，加班過夜就是要做到好的情況，再加上自己活動多、又愛喝酒的情況，日夜顛倒或是一天當兩天用是常有的事，身體難免會有狀況，在經歷這些狀況的時候，還會有情緒起伏變化過大的問題，就要多多注意身心靈的健康。

聊那些 VJ的瓜內事

在分析自己的時候，如果覺得缺點太多也別急著否定自己，畢竟人終究會成長也一定會改變，只是領悟快或慢的速度不一定，誠實面對自己也是愛自己的一個方式。

設計這個行業常會遇到加班、壓力，或是熬夜的狀況，在公司沒日沒夜的趕工，看見日出、聽見鳥鳴的清晨是小確幸，當然最幸福的是回家洗完澡後躺在自己熟悉的床上暴睡。

我個人認為，在學習或達成目的的過程中努力是必然的，但不能沒有生活，久了會很痛苦。人生中，有很多事情要體驗，年輕就該好好談場戀愛、擁有自己的家庭、有歸屬的生活、有親人小孩的陪伴，還有屬於自己每一個階段的人生要過，珍惜現在所遇到的人，不管好與壞都會帶給我們不一樣的回憶，工作雖然重要，但人生只有一次不重來，要好好分配與規劃。

在進入
影像騎師（VJ）
之前

Before entering VJ

CHAPTER 01

01

什麼是影像騎師（VJ）？

> VJ為「音樂」和「影像素材」結合的一種表現形式。可運用動畫、即時攝影等不同影像素材，搭配音樂呈現出不同的視覺效果，讓參與者能更融入現場的氣氛中，例如：舞台劇、電音派對、演唱會等場合，較為常見。

Section 01

VJ 的起源

♦ 創始者：瑪麗洛克（Mary Hallock-Greenewalt ）

1871年出生的瑪麗洛克（Mary Hallock-Greenewalt），為一位音樂家兼藝術家，他開啟了音樂與視訊結合的先例，對VJ文化產生一定的影響，以下分別說明。

開發彩色管風琴（Color organ）	為一種類似風琴的樂器，由不同燈光組成，並運用槓桿和踏板的方式，須手腳並用操控的機器。 演奏者在演奏音樂時，可透過操控控制器而打出不同顏色的燈光。
研發色彩系統「Nourathar」	「Nourathar」，據說是改編自阿拉伯語中的光（nour）和本質（athar），為結合「聲光」的新藝術而起的名字。 瑪麗洛克認為特定顏色和音符間的關係，在本質上是可變的，所以加以研究和分析。

♦ 早期使用者：Merrill Aldighieri 和 Rick Moranis

Merrill Aldighieri 和 **Rick Moranis** 為較早期將影像與音樂結合的使用者，一位在夜店、酒店俱樂部成功引起注意；一位則在結合後，發展到音樂和電視上，之後更逐漸發展到戶外，和我們的生活更加緊密連結。

VJ的分類

關於VJ有VJing（VJ-ing）、Visual Jockey、Video Jockey三種詮釋；而Jockey解釋為專職、專業的意思，以上都是VJ的詮釋，但若以實際操作的經驗來區分，這三者的定義則不太相同，以下分別解釋。

類別	主要工作內容
VJing 即時視覺表演	配合音樂，同步播出相關的影像或素材，也可以運用現有素材和表演者、觀眾們做多媒體互動的結合，是現場即時的視覺藝術表演。
Visual Jockey 視覺騎師	在現場除了要播放影片、做即時運算與混合效果外，還要具備處理影像與動畫、特效的製作處理。
Video Jockey 影像騎師	除了播放現有的影片外，節目中還會添加口頭或以錄音的方式介紹播放內容，例如，MTV介紹音樂的主持人VJ。

若還不太清楚差異的話，以DJ、RJ來舉例，DJ=Disc Jockey；RJ=Radio Jockey，以廣泛的定義來看，雖然兩者都是播放音樂，但還是有細微上的差異。

類別	說明	與 VJ 性質上的相似處
DJ	可現場即時混合、特效，搭配現場氣氛做調整。	與Visual Jockey、VJing較為相似，在現場可添加更改混合做變化。

類別	說明	與 VJ 性質上的相似處
RJ	像是電台節目主持人，播放錄製音樂的同時中，介紹音樂或是和觀眾分享談話。	與Video Jockey較為類似，會選曲並播放外，還會做說明、介紹。

VJ的應用範圍

♦ 早期應用

VJ較常出現在電音派對上，台上DJ（Disc Jockey）表演音樂，台下VJ則播放視訊。

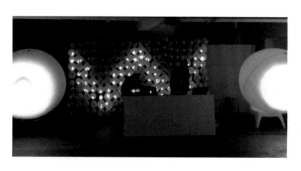

◀2015 年咻揪來呷咖哩娘地下派對：有咖哩飯吃的趴踢。

對電音派對有興趣的朋友們，可以查詢 Excision、Tomorrowland、Looptopia Music Festival、EDC 和 Road to Ultra⋯⋯，都是非常大型的活動派對。現場不但有大型舞台，且每一次都有不同主題，例如：女神、貓頭鷹、迷幻花朵等巨型模型舞台；而 Arcadia 則有大型機械大蜘蛛，DJ 在蜘蛛的身體裡放音樂，旁邊還有特技人員會從空中吊人下來做表演，各種特技五花八門，讓現場氣氛炒到更嗨。

DJ阿曼的個人表演，則用手環感應，用手的揮動來控制現場的燈光亮暗；E3 派對上，DJ 使用 Motion Capture（動作捕捉技術）與螢幕裡的人物做結合，並和DJ同步跳起舞來，還有很多很棒的視覺藝術在不同的活動中出現，非常有趣。

◆ 後期應用

在現今的演唱會、舞台劇、商業展示等，都被廣泛的應用，影像從打在大螢幕上，到投影、AR、XR等，越來越多元，有些甚至還可以跟現場做互動，以下說明。

場合	說明
派對、音樂節、演唱會	製作舞台上的影像、與DJ配合播放影像等。
藝術展覽	運用光影和音樂的搭配，在裝置藝術、現場展演等不同媒介，營造出獨特的視覺體驗。
舞台劇	運用投影和燈光效果來增強劇情和氛圍。
商業展示	加強大家對品牌的印象，或產品展示。例如，在產品展示區投影，或使用互動式投影幕牆等。
電子競技	製作賽事開場動畫和現場直播畫面，也可應用即時更新排名的方式，營造緊張氛圍。

從單純的同步配合音樂，到配合燈光效果做視覺調整；從方形、圓形等簡單的素材、圖形，到複雜的動畫設計製作，讓影像更能帶出音樂氛圍，也讓音樂也有了故事可看，這都讓 VJ 的服務範圍越來越廣，變化越來越多。

02

初步認識
影像騎師（VJ）的工作

KNOW THE WORK OF VJ

接下來進入主題，看看這酷炫的VJ，要做什麼？要負責什麼樣的事情？除了事前規劃與製作動畫外，還有哪些現場演出內容是VJ要執行與了解的項目。

Section 01

VJ工作流程

以演唱會為例。

❶ 了解歌手風格與演出目的

拿到案子後，除了會先了解歌手本身風格外，還須知道這次表演「主要的主題或目的」為何。

❷ 與導演、舞台設計、燈光師討論演出感覺和視覺安排

和導演、舞台設計、燈光師討論整場演唱會想表現的感覺，並分析歌曲風格和個性，是快歌還是慢歌？是開心還是傷心？以及為表演安排起承轉合的視覺。

❸ 將所有曲子歌詞拆分，為後續製作做準備

視訊美術先與導演雙方達到共識且確立方向後，再一一將所有曲子的歌詞拆分，以便後續進行 2D 或 3D 動畫上的製作，或決定是否需要剪接、進行後製，例如，特效或合成等。

❹ 擬定甘特圖做時程規劃表，以控管時間進度

最後，大家再分工，各自進行作業，並擬定甘特圖來做時程規劃表，以進行及安排時間上的控管。

以下為視訊演出前的工作大綱。

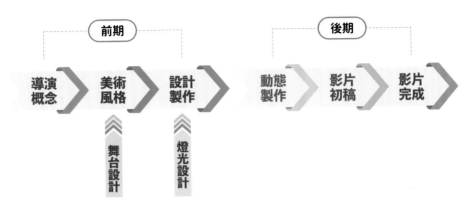

COLUMN 01

導演概念

　　導演在曲目和編排上，會先有類似主題故事的想法，確定方向後，就可以依照藝人的形象和主題，初步做分析與整理，以下舉例。

藝人形象	一位唱腔清新、能撫慰心靈、柔美的人。
演出形式	將舞台劇帶入演唱會，並與現代舞結合，讓觀眾能更融入現場感受。
其他設定	希望大自然的東西可以多一點。

COLUMN 02

美術風格

　　視訊部會根據導演的敘述，尋找相關的美術風格作為參考，與大家分析合適度後，再一起討論整體的視訊、舞台、燈光設計等。待有了大致上的決策後，視訊部會統整大家提出的想法，來做參考與發想，以下舉例。

♦ 案主期待風格敘述

以大自然為主，貼近生活，部分以意象形式去做設計，不希望物體太過真實，希望由夢幻的色彩和元素組成。

整場表演希望能有沉浸式的感受，除了將劇場的形式加重，讓觀眾彷彿在欣賞一齣劇般，加強對歌曲的感受力外，也希望能配搭燈光運用，加強整體強度。

♦ 討論後的運用方法

現場舞台	**中間舞台** ♦ 有一平面大舞台鋪滿了沙子，以投影方式到中間舞台地板，會有三處製作升降舞台。 ♦ 舞台上方吊著多個 LED 裝飾物，並且會升降。 ♦ 中間舞台、後方兩旁，各有播放 LIVE 的 LED，包廂區也各有兩片播放 LIVE 的 LED，供觀眾觀看。 **舞台後方** 沒有 LED 螢幕，為弦樂團的表演區。
舞台機關	**中間舞台**　設有煙機施放、紙花噴射、彩帶噴出等效果。
燈光	**上方舞台** 設計主打藝人的燈光特寫，例如，使用 Spotlight 燈光照耀藝人，並透過控制燈光的明暗和顏色，來表現曲目所須的情感和氛圍等。 **中間舞台** 運用在四周打側光的方式，打造出中間舞台的氛圍。 **中場** 使用多樣式的雷射燈光，而雷射燈光可透過編程設計，讓曲目節奏和歌詞同步，進一步加強演唱會的表演效果。

設計製作

♦ VCR

在演唱會中，常用來播放和主題相關的影片，或應用在連結場次上。例如，在藝人更換衣服，或是場景轉換時，可以播放VCR串場。

♦ 背景動畫

在演唱會中作為背景的動畫，主要用來呈現歌曲的概念和感覺。在設計上，有時也會疊加上現場畫面，讓整場設計更加融合成一體。

而在背景動畫設計上，會根據歌曲的風格和主題來設計，例如，若歌曲風格為輕快，背景動畫的顏色、元素等，也會呈現出相同的感覺。

♦ 將歌曲作為動畫後的流程

① **分析歌詞並分段落**：找出歌詞後，將歌詞分為主歌、副歌、間奏、結尾等。

② **分析歌曲主題**：針對歌曲的主題，或歌詞中的關鍵字來做發想，例如，愛情、友情、勇氣等。

③ **確定美術方向**：根據「發想出的主題」來定義這首歌的美術方向，例如，運用什麼色彩、圖案、影像等不同模式，來表達歌曲的主題。

④ **創作視覺設計**：開始進行視覺設計的創作，包括平面設計、3D模型、動畫等。

⑤ **與各部門協調**：與各部門進行協調，例如，燈光設計師、舞台設計師、導演等，以確定整體表演效果。

⑥ **完成設計**：完成視覺設計後進行測試，以確保視覺設計能順利呈現在舞台上。

範例

歌曲切割

　　在預算、時間不多的情況下，會趨向簡易的作法，將歌曲分為主歌、副歌即可，以〈夜上海〉這首歌為例，**主歌**一個素材、**副歌❶**一個素材，**副歌❷**可運用**副歌❶**的素材做變化。

夜上海

作詞：范煙橋

前奏♪	
主歌	夜上海 夜上海 你是個不夜城 華燈起 車聲響 歌舞昇平 只見她 笑臉迎 誰知她內心苦悶 夜生活 都為了 衣食住行
副歌❶	酒不醉人 人自醉 胡天胡地 蹉跎了青春 曉色朦朧 倦眼惺忪 大家歸去 心靈兒隨著 轉動的車輪
副歌❷	換一換 新天地 別有一個新環境 回味著 夜生活 如夢初醒
間奏♪	
主歌	夜上海 夜上海 你是個不夜城 華燈起 車聲響 歌舞昇平 只見她 笑臉迎 誰知她內心苦悶 夜生活 都為了 衣食住行
副歌❶	酒不醉人 人自醉 胡天胡地 蹉跎了青春 曉色朦朧 倦眼惺忪 大家歸去 心靈兒隨著 轉動的車輪
副歌❷	換一換 新天地 別有一個新環境 回味著 夜生活 如夢初醒

在一般情況下，會先大致上分段落，如下有：前奏 ➡ 主歌 ➡ 副歌 ➡ 間奏 ➡ 主歌 ➡ 副歌 ➡ 結尾外，還會抓出每個段落的時間，再安排適合的素材進場。

例如，前奏後**主歌❶**和間奏後**主歌❶**會使用一樣的素材；而**主歌❷**、**副歌**，以及**橋段**、**結尾**這兩組，也是依此邏輯製作。但若畫面的重複率太高，則會再添加新素材，或是以第一次出現的素材來做變化。

歌曲秒數

段落	歌詞	歌曲秒數
前奏♪		00：00：00 / 00：00：30
主歌❶	夜上海 夜上海 你是個不夜城 華燈起 車聲響 歌舞昇平	00：00：00
主歌❷	只見她 笑臉迎 誰知她內心苦悶 夜生活 都為了 衣食住行	00：01：01
副歌	酒不醉人 人自醉 胡天胡地 蹉跎了青春 曉色朦朧 倦眼惺忪 大家歸去 心靈兒隨著 轉動的車輪	00：01：28
橋段	換一換 新天地 別有一個新環境 回味著 夜生活 如夢初醒	00：01：44
間奏♪		00：02：17
主歌❶	夜上海 夜上海 你是個不夜城 華燈起 車聲響 歌舞昇平	00：02：32
主歌❷	只見她 笑臉迎 誰知她內心苦悶 夜生活 都為了 衣食住行	00：02：48
副歌	酒不醉人 人自醉 胡天胡地 蹉跎了青春 曉色朦朧 倦眼惺忪 大家歸去 心靈兒隨著 轉動的車輪	00：03：15
結尾	換一換 新天地 別有一個新環境 回味著 夜生活 如夢初醒	00：03：42

在討論分析時,我們也會同時進行規劃時程表。藉此來監控製作時間與進度,以清楚知道目前的狀態,並做微調與修正,以防活動已經開始,但東西卻未製作完成。

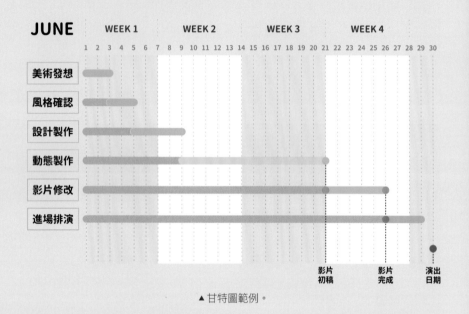

▲ 甘特圖範例。

在製作的環節裡,其實會面臨到很多挑戰。例如,時間受到壓迫,讓製作時間變少了,但在演出的時間不變下,就需要敏銳的判斷力跟熟練的操作,加快製成速度,以趕上進度。

且作品又要美觀、有水準,不能馬虎,並符合客戶的需求等,有時真的是一種考驗。但等到正式演出後,看到自己的作品是如此專業的呈現在畫面時,除了自己有一種無可代替的成就感外,也能撫慰觀眾的眼睛與心靈。

現場要學習的事情

在製作後期，需要繪製系統配置圖給硬體廠商，請他們幫我們準備現場所須的設備，包含現場需要幾台電腦？需要哪些線材？如何安排配置位置？線路怎麼走？這些在彩排前，全部都要準備好，並確認現場的視訊試播都是沒問題的。

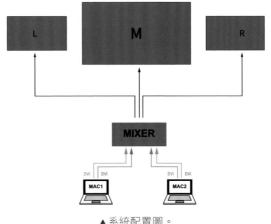

▲ 系統配置圖。

雖然很多時候覺得都準備好了，但在現場總有新鮮事發生，例如，臨時更新東西，這都是很考驗即時反應，以及軟體熟悉度，因現場修改不止和技術有關，也需要大家耐心等待。

所以建議大家將彩排當天視為實際演出，並確實進行排練，試播全數視訊，以確認是否與自己想像的一樣，若有落差，才有時間調整及修改。

- VJ工作Q&A -

出演要準備些什麼？

行前設備清點

- ☐ 電腦（主機與備機）及電源線
- ☐ 擷取卡
- ☐ 音效卡
- ☐ 各式線材與轉接頭
- ☐ 播放檔案
- ☐ 其他：＿＿＿＿＿

現場檢查

- ☐ 分配器分得對不對？
- ☐ 導播機設定的選項是否符合使用？
- ☐ 耳麥有沒有聲音？講話時大家是否都有聽到？
- ☐ 聲音送出去會不會太大聲？
- ☐ LED顏色正常？有沒有變形？
- ☐ 跟導播確認畫面呈現？
- ☐ 其他：＿＿＿＿＿

聊那些 VJ的心內事

有些東西需要多買、多備份，否則當你需要，且無法在現場購買或借用時，這就是考驗命運的時刻。

我曾經忘記帶筆電的充電線，現場借不到、附近也買不到，我甚至打給在地朋友借充電線，想說再借不到就要衝去市區買一條。

但當時彩排已開始，我必須待在現場，所以我只能硬著頭皮跟隔壁的人借，並輪流充電，但因為耗電的速度比不上充電的速度，彩排的時候，我真是一刻都放不下心。我一下怕這個沒電、一下怕那個斷訊，所有精神都集中在電源上，眼睛時不時就飄到電源欄去，同時也怕被唸：「怎麼這麼蠢，沒帶電源線？」

終於，撐完彩排後，小天使說：「已外送充電線，開演前可以拿到」，聽到這消息時，我心中有如釋重負的感覺，心中大石頭還好沒砸到腳。

「我的小天使真罩。」心想我這輩子一定有好好做人、做好事，還好是在本地發生的，不然在外地的話，人生地不熟的，連朋友都沒有、商店也沒賣的話，我想，我的跑場生涯就到此為止了吧。

＃現場經驗談

東西用久了，最怕的是：「線材連結的孔洞鬆動」，萬一不小心碰到線，螢幕就會閃黑，大頻幕也會跟著黑掉，如果是在正式演出時，那就慘了，所以在現場電腦連接的線材，為了怕扯到或是鬆掉，我們會把它們固定並黏貼在桌上外，在連接處也會稍微黏一下，以防沒注意到時，不小心扯掉。

因現場是關燈的狀態，只開小燈，所以其實查看節目流程表不是很方便，但有了平板後，直接下載節目流程表，不用小燈也看得到，真的非常方便，不用在昏暗的地方還要翻頁，又東掉西掉的，還有架子可以架起來看，這樣執行時也比較順手。

其實現場有很多眉眉角角的事情，而這都是經驗換來的，執行越多越知道什麼工作習慣是最適合自己？該注意什麼樣的事情？任何的小細節都可以讓自己在執行時是順手與順眼的。但都是以「可以把秀跑好」為最終目的！

03

影像騎士（VJ）
須具備的心態

THE MENTALITY A VJ MUST HAVE

會進入 VJ 這個行業的人，通常都是先有興趣後，才慢慢深入研究，最後再決定是否要繼續走下去。

除此之外，還要有一顆強壯的心臟，因為在現場，自己除了能熟練整體排程和穩定的狀態外，在面對突發狀況時，也要能臨危不亂的做出對當下最適當的反應。

而成為幕後人員的心態與想法，我大致分為三類，追星、對舞台情有獨鍾、成為專業 VJ 人士，以下分別說明。

Section 01

只是想追星：NG！不會直接接觸到藝人

有很多熱情的粉絲，為了偶像無私奉獻與分享自己所有的一切，出錢、出力都不是問題，甚至為了跟偶像說句話，特地去學習對方國家的語言，只要自己在乎的人也能關切到自己，他的世界就充滿色彩、充滿希望，這樣的人生其實只要自己喜歡不後悔，不打擾到別人就好。

就像熱愛打電動的人一樣，沒人想的到，原先被認定是玩樂、被視為沒有未來的產物，最後能在國際賽事上得名、闖出一片天，甚至成為一種新興職業？但打電動是很直接的，就是進入電動的世界，成為其中的一份子，但幕後呢？不一定會直接跟藝人接觸，在現場的工作也是遠遠的看著藝人而已，所以若是因為想追星，則不建議成為幕後，不然可能會大失所望。

但在某些情況下，則有例外，例如，有些藝人會參與所有製作過程，包含企劃、視覺、舞台效果等，所以在討論期間，自然就會接觸到藝人，雖然能與本人合作也是個蠻有趣的經驗，但若只是單純想和藝人互動的話，可能就不太適合幕後，會以偏向經紀人或公關方向的職業，會比較有機會。

聊那些
VJ的心內事

學生時期的我，熱愛看舞台劇，覺得舞台劇是個很有趣的東西，例如，歌劇魅影、鐘樓怪人、小王子等，總是覺得看完一次現場不過癮，還去租DVD，二刷、三刷個好幾次。

而舞台劇吸引我的地方，除了能聽到好音樂、好歌聲外，還能看到演員們生動的真實演出，舞台道具一個比一個精緻，且明明在小小的舞台上，卻可以變換多種風格的場景，每次看不同的戲劇都有不同的驚喜。

但在學生時期，打工賺的錢不多，除去日常花費外，剩餘的錢沒辦法一直看不同的舞台劇，或參加好玩的活動，甚至是在會場販售的紀念品對當時的我來說，也是「天價」，總是超出我的預算。

除此之外，舞台劇的門票一張動輒好幾千塊以上，加上我又想坐在最佳觀賞位置，所以我和我朋友都會去應徵相關工讀生、收票員、場中帶位人員等，這些都有機會可以看免費的劇或小玩一下，而且又能賺錢，之後我們再把賺到的錢，用來買好一點的位置，坐著再觀賞一次也是個不錯的選擇！

Section 02

對舞台情有獨鍾：OK，你可以鼓起勇氣試試

有些人對整個劇場或舞台的視覺設計癡迷，想要參與，或是親手打造舞台的人，就會比較偏向舞台設計、導演、執行製作的部分。

而舞台和視訊是息息相關的，像我曾經做過一場舞台劇，他們是以復古電視的默劇形式呈現，整場劇只有樂器發聲和配樂，主要透過後面的投影字幕加上黑白影像，並搭配台上演員們的演出橋段呈現。

所以我要一邊上正確的字幕影片，一邊確認順序要對、節奏要對上，整場不能失神，一失神就會錯過該上的影片，那觀眾就會不知道台上在做什麼。

另須注意的是，在進入每個行業前，雖然立基點是喜歡，以及要保持一顆熱騰騰的心外，也要了解如何進入相關行業，讓自己更快速的接近夢想。

COLUMN 01

如果你已出社會，可以怎麼做？

可以請教相關行業的人士，或是直接進入職場工作，是最快了解的方式。

進入前可寫份計畫表，包含，預計運用多少時間達到目的、進修的方法、投資的金額等。

	轉職計畫表	舉例
第一年	找尋相關產業進入就職，不離本業太遠，最好能先了解公司內部流程。 **職業尋找條件** □ 演唱會、活動相關的公司 □ 美術相關職缺（接受動畫經驗不多的設計） □ 可到活動現場實習 □ 其他＿＿＿＿＿＿ **初步的學習** □ 學習剪接特效軟體 □ 學習 VJ 播放軟體 □ 學習觀摩活動流程 □ 與同事、客戶打好關係，建立人脈 □ 其他＿＿＿＿＿＿	如果我是出版社的美編該如何踏出這一步？ ❶ 已會平面設計軟體，所以要先學習後製軟體（After Effects 和 Premiere）。 ❷ 將自己做的短片，試著放入 VJ 播放軟體練習（Resolume Arena）。 ❸ 將自己原先已有的平面作品，挑選出與該公司性質相關的平面設計作品，保留在作品集裡，再增加練習的作品與短片。 ❹ 想辦法進入與演唱會相關的公司兼差或工作。
判斷	先將「自己的期望」和「實際工作內容」進行比較，確認目前狀況是否符合自己當初想像的；若差距過大，就須思考轉換方向。	

轉職計畫表	舉例

第二年

可以接手較大的專案，對內、對外都有一定的接觸。

進入產業後

☐ 可以獨立完成手上的案子
☐ 進入較大的合作案中作業
☐ 與同事、客戶關係良好
☐ 是自己喜歡的生活
☐ 其他＿＿＿＿＿＿＿

進階學習

☐ 進修所須軟體
☐ 增強現場應對能力
☐ 觀察厲害的活動表演
☐ 認識更多夥伴
☐ 其他＿＿＿＿＿＿＿

進入職場後

❶ 加強我的技能（後製軟體與VJ播放軟體），讓執行的案子專業度提升。
❷ 多看與表演有關的活動，增加創意度。
❸ 不論兼差或是正職，都會接觸到不同窗口或業主，可藉此多了解內部的運作模式。

判斷

若有機會接觸到相關領域的人、事、物，也有晉升管道和發展機會的話，就可思考是否要繼續；若還是處於剛進公司的狀態，就要思考自己未來的發展方向和目標，是否適合繼續待在這個產業。

第三年

穩定地位與掌握專案執行的能力。除了對外的客戶端有一定的熟悉度外，對公司內部流程都相當清楚。

穩固地位

☐ 成為部門重要的一員
☐ 獨立應對現場能力
☐ 喜愛的東西熱情不變
☐ 嘗試研究、做新技術並運用
☐ 其他＿＿＿＿＿＿＿

不斷學習

☐ 不斷學習新技術
☐ 提供活動新想法
☐ 開心生活與工作平衡
☐ 其他＿＿＿＿＿＿＿

真正進入軌道後

❶ 仍須不斷加強技能，如果對3D動畫有興趣，我會一邊學習3D（例如：C4D），一邊將3D的東西加入我的影片裡，增加畫面的豐富度。
❷ 試著企劃一整場演唱會需要的視覺與包裝。
❸ 在忙碌的生活裡，我和我的朋友，以及和家人生活一樣和平與開心，讓我可以繼續工作下去。
❹ 能在不同的活動或是演唱會的會議中，提供新的想法與創意。

| 判斷 | 須確認自己所在公司的發展和自己的期望是否相輔相成。若公司的發展不符合自己的期望，或是自己的期望和能力不符，須考慮是否轉換工作。 |

若在學習的過程中，發現這不是自己想要的，也要替自己設計一份轉彎的勇氣計畫書，讓自己能順利轉換跑道。

COLUMN 02

如果你是學生，可以怎麼做？

可以選擇影視、表演藝術等相關學科來選修，或是參加相關的社團活動，都有機會初步的了解，以及累積相關的經驗。

例如：可以先參與學校舞台劇籌畫或是擔任學校活動幹部，藉由實際參與規劃，讓自己從劇本的故事開始策畫背景，並從與大家的溝通中，共同決定如何呈現舞台等，並藉此了解，一場劇、活動等不同面向的成形中，須留意的細節，例如，大致的結構、須運用的資源（包含人力、場地、資金），以及現場要注意的情況等，讓自己能實際累積經驗。

Section 03

我的目標就是成為VJ：下定決心就放手一搏吧！

影像騎士VJ，除了出現在演唱會、發表會、活動現場外，在較大型的夜店也會常態性的出現，只是表演時間和形式不太一樣。

一般來說，演唱會或發表會類型的活動，著重的是事前準備與安排，現場不會再製作新的素材物件來播放；Party類型的表演方式，則是將素材準備好後，依現場氣氛，隨興發揮、不按牌理出牌，當場混搭出新東西，並搭配現場氣氛來帶動現場熱度。兩者不太一樣，能得到的成就感也不太相同。

若是畢業或是轉行，確定要走VJ這條路的人，這本書能輔助你更深入理解影像騎士這個產業，以及運用的軟體等，但須先規劃出自己的行動計畫。

階段	設定目標	時間規劃
第一階段 摸索軟體	準備好手邊的技能，例如： ♦ 喜歡影像的，學會剪接與特效軟體，嘗試剪接或搭配特效製作出精采的影片作為作品集。 ♦ 喜歡動畫的，學會繪製動畫（2D或3D），嘗試製作出動畫短片作為作品集。	**預計完成時間** ＿＿月＿＿日：第一段短片/動畫 ＿＿月＿＿日：第二段短片/動畫 ⋮ ＿＿月＿＿日：最後完成五隻短片/動畫，並剪成一段Showreel（作品集展示）
第二階段 收集資料 與投放	收集與VJ有關的公司，將作品集調整成該公司的期望，一邊練功一邊投遞履歷。 **例如** A公司 職位需求 / 美術視覺 要求軟體 / Photoshop、Illustrator、After Effects、Premiere 加分項目 / 會3D軟體 **我會這樣做** ♦ 選擇具有設計感的作品，有助於展現自己的設計風格和能力。 ♦ 將該公司列出的軟體，排放在自己的作品集前面，若有3D技能，也可放入作品集。 ♦ 展示完整度高的作品，能讓面試官更了解你的能力和創造力。	**預計工作規劃時間** ＿＿月＿＿日：開始投履歷 ＿＿月＿＿日：個人作品網頁製作/作品集 ＿＿月＿＿日：如果沒有面試，嘗試接案子 ＿＿月＿＿日：如果沒有錄取，嘗試別種方法＿＿＿＿＿＿

第三階段 保握機會	**爭取到面試機會** ♦ 面試時要有自信，把自己最 　好的一面展現出來。 ♦ 把每次面試都當作最後的機 　會來練習，不斷調整及改進 　自己的表現。 ♦ 在等待回覆或準備作品集的 　期間，可以考慮接一些小案 　子，累積職場經驗。	___月___日：某某公司第一次面試 ☐ 正式服裝 ☐ 基本資料 ☐ 符合公司的作品集 ☐ 簡版中 / 英文自我介紹 ___月___日：某某公司第二次面試 ☐ 正式服裝 ☐ 基本資料 ☐ 符合公司的作品集 ☐ 中/英文自我介紹 ☐ 加分項目_____
第四階段 推入火坑	進入職場，蓄勢待發，學習 永遠不間斷。	**進修項目** ☐ 外語進修 ☐ 3D軟體 ☐ 活動展覽觀摩 ☐ 其他：_____

聊那些
VJ的瓜內事

　　確定方向後，努力往前衝，搞不好很快就會達成目標，說不定原本想當設計師卻變成了導演；行政、助理做著做著卻不小心成為藝人等，這都是有可能發生的，人生本來就是充滿著驚奇與變化，那才有趣不是嗎？

　　VJ這個行業很有趣，如果是DJ的專屬VJ，就會跟著DJ到處跑、到處演出，他如果環遊世界你也會跟著環遊世界，你的辦公室就不是固定的，也會遇到很多形形色色的人，認識很多好夥伴。

　　做演唱會、活動也是如此，看的東西多了，眼界自然就不一樣，主要看你接到的案子帶你去哪裡，而VJ不止是在現場播放素材而已，同時也會接觸到各式各樣的設計、了解軟硬體或是演唱會企劃等，有非常多元的發展。也可以召集夥伴開家設計公司，但依然視自己對未來的規畫，以及是符合自己心中的期待為主。

04
影像騎師（VJ）
須具備的技能

要成為影像騎士，基本技能須具備剪片、挑選素材、熟練播放軟體等操作，若還會製作動畫、圖像設計或是3D動畫等則為額外的加分條件，這都取決於自己想要到達哪個定位。

定位	技能	累積面向
VJ 基本	VJ播放軟體（例如：Resolume Arena）。	操作播放軟體。
	影像剪接編輯軟體（例如：iMovie）。	剪接和挑選素材。
VJ 進階	平面編輯軟體（例如：Photoshop、Illustrator）。	設計和製作靜態圖像。
	後製特效軟體（例如：After Effects）。	製作動態圖像和特效。
	3D動畫軟體（例如：C4D、Maya）。	製作3D動畫。
	即時互動軟體（例如：TouchDesigner）。	製作即時互動影像。
	其他技能（例如：了解投影機、顯示器、控制器、混音器等系統設備的規格）。	了解硬體設備和設置。

　　VJ除了前期須製作影像後製外，到現場則要操控播放軟體，或是一些輔助的器材設備等。

初學者建議先專精一種播放軟體，當後期製作需要更多功能時，再學其它有提供該功能的軟體。因為每個軟體的操作邏輯相似，只要能融會貫通，在學習另一個相似的軟體時，就更容易學習並操作。

除此之外，為了能更順手且更便利的控制軟體播放，也會搭配控制器讓素材播放的更生動。

VJ播放軟體

Resolume Arena、WATCHOUT、Notch 等都是現場活動會使用的播放軟體，但會建議針對軟體的特性來學習和使用。

目前業界最常使用的VJ軟體是Resolume Arena，因介面相對容易上手，使用起來很直覺，功能與特效也非常豐富。且隨著版本升級，特效變得更多樣化外，調整細節的功能也跟著增加。由於我所在的公司也採用這套軟體，因此我以此為主要的學習與精進軟體。

因每一套軟體都有各自的特性，使用者須視不同需求及情況下，選擇使用不同的軟體，例如，我們會使用Madmapper將2D投影轉換成3D投影，藉此來做立體光雕秀的活動。當然也有其他軟體可以做這件事情，但以特性來說，Madmapper比較好使用或是方便，所以，在操作上，我們會以軟體的特性來選擇「適合當下情境的軟體」。

在電視台，我們則使用WATCHOUT，因為常用來做多螢幕的大型影片拼接；我們也蠻常使用ProVideoPlayer（PVP），因功能易懂且直覺性高，較常用在活動現場上影片或是廣告連播。上述軟體都可以作為跑場軟體使用，只是有些功能較多花樣、有些支援性較低，或是使用靈活度上有差，就看手上的專案適合使用哪套軟體來做搭配運用。

根據軟體特性，我的優先選擇順序如下（以下為個人使用習慣）：

Resolume Arena

- 是否免費：否✕
- 圖層混合：★★★★★
- 特效多寡：★★★★★
- 時間是否可同步（Timecode）：可⭕
- 整合舞台（同步控燈、偵測音頻等）：★★★★★
- 不規則投影：★★★★★

Modul8

- 是否免費：否✕
- 圖層混合：★★★★★
- 特效多寡：★★★★★
- 時間是否可同步（Timecode）：否✕
- 整合舞台（同步控燈、偵測音頻等）：★★★★★
- 不規則投影：★★★★★

Madmapper

- 是否免費：否✕
- 圖層混合：★★★★★
- 特效多寡：★★★★★
- 時間是否可同步（Timecode）：否✕
- 整合舞台（同步控燈、偵測音頻等）：★★★★★
- 不規則投影：★★★★★

CoGe VJ

- 是否免費：否✕（只供Mac使用，且Mac OSX 10.14以後無法使用）
- 圖層混合：★★★★★
- 特效多寡：★★★★★
- 時間是否可同步（Timecode）：可⭕
- 整合舞台（同步控燈、偵測音頻等）：★★★★★
- 不規則投影：★★★★★

Visualz Studio

- 是否免費：免費與商用版
- 圖層混合：★★★★★
- 特效多寡：★★★★★
- 時間是否可同步（Timecode）：否✕
- 整合舞台（同步控燈、偵測音頻等）：★★★★★
- 不規則投影：★★★★★

ArKaos GrandVJ

- ◆ 是否免費：否✗
- ◆ 圖層混合：★★★★★
- ◆ 特效多寡：★★★★★
- ◆ 時間是否可同步（Timecode）：可〇
- ◆ 整合舞台（同步控燈、偵測音頻等）：★★★★★
- ◆ 不規則投影：★★★★★

VDMX

- ◆ 是否免費：否✗
- ◆ 圖層混合：★★★★★
- ◆ 特效多寡：★★★★★
- ◆ 時間是否可同步（Timecode）：可〇
- ◆ 整合舞台（同步控燈、偵測音頻等）：★★★★★
- ◆ 不規則投影：★★★★★

HeavyM

- ◆ 是否免費：否✗
- ◆ 圖層混合：★★★★★
- ◆ 特效多寡：★★★★☆
- ◆ 時間是否可同步（Timecode）：否✗
- ◆ 整合舞台（同步控燈、偵測音頻等）：★★★★★
- ◆ 不規則投影：★★★★★

Millumin 4

- ◆ 是否免費：否✗
- ◆ 圖層混合：★★★★★
- ◆ 特效多寡：★★★★★
- ◆ 時間是否可同步（Timecode）：可〇
- ◆ 整合舞台（同步控燈、偵測音頻等）：★★★★★
- ◆ 不規則投影：★★★★★

ProVideoPlayer（PVP）

- ◆ 是否免費：否✗
- ◆ 圖層混合：★★★★★
- ◆ 特效多寡：★★★★★
- ◆ 時間是否可同步（Timecode）：可〇
- ◆ 整合舞台（同步控燈、偵測音頻等）：★★★★★
- ◆ 不規則投影：★★★★★

　　在現場最常接觸及使用的軟體還是 Resolume Arena，除了容易上手外，功能上提供：多屏幕輸出、支援4K播放、內建功能特效多、素材疊加變化有多種選擇，

還能讓影片同步跟隨外置**SMPTE時間碼**[1] 的速度播放，DJ要連到**CDJ**[2] 也是可行的，此外，它也能和燈控台結合演出，在拼接跟融合的效果呈現上，也是可圈可點，再來就是軟體的操作介面整體使用上直覺，也很好理解外，版本升級後，功能變多，例如，連結控制器來控制參數，藉此做演出上的安排，整體使用上直覺，我覺得還蠻順手的。

Section 02
平面設計

◆ Photoshop

為影像處理軟體，除了能進行照片後製外，還可以設計排版、繪圖創作等。不但有強大的修圖功能，還能將斑駁老舊照片恢復原狀並增加色彩外，甚至能透過影像合成，進行圖像的二次創作，增添手繪以外的特色與味道。

功能	VJ 實際應用舉例
修圖。	將藝人或是演員的照片做修容。
風格調整。	將圖像修改成適合這次演出的主題風格。
版面編排。	將不同的元素做平面排版設計。

◆ Illustrator

以製作向量檔案為主，不能處理影像，但可以進行圖形繪製、設計排版、網頁切版等，也是非常好用的一套軟體。

功能	VJ 實際應用舉例
LOGO 設計。	有時會針對活動需求做不一樣的形象 LOGO 設計。
版面編排。	將不同的元素，做平面排版設計。
繪製向量圖案。	可繪製向量的圖案，放入影片中作為動畫素材。

後製軟體

♦ Premiere

主要功能為剪接,能預覽片段與上字幕,雖然有特效可以使用,但沒有像 After Effects,有多樣的細項可以調整。

功能	VJ 實際應用舉例
影片剪輯。	剪輯活動的影片,例如,修順卡頓點等。
簡易特效轉場。	提供簡易的影片特效和轉場特效。
多元影片格式轉檔。	將製作完成的影片以不同格式轉出。

♦ After Effects

主要以後製特效為主,不但可以模擬火、水、煙等型態,也可以噴灑出閃亮亮的粒子,或隨著光運鏡的線條,進行多種合成特效製作外,也能製作向量圖形動畫。After Effects 雖然可以剪接影片,但整體操作上沒有 Premiere 方便。

功能	VJ 實際應用舉例
影片後製。	將影片做特效處理(去背、風格化)。
特效後製。	製作影片的開場特效或是動畫短片。
多元影片格式轉檔。	將製作完成的影片以不同格式轉出。

互動軟體

在一些展覽中,當你揮手可以撥開投影的葉子;或透過某些裝置,能幫你的臉上特效,甚至換成動物的臉;還有牆上的人物跟隨著你的肢體而擺動,表情變化也隨著你改變等,這些互動的技術被稱為「互動式投影」或「互動式裝置」,透

過感應器和跟踪裝置等技術，在現場能與投影畫面互動，與展演現場有更多連結，就像直接參與演出般，增加整體的趣味性。

而這類型的即時互動，慢慢的進入舞台，或各種大小不同的展演、活動中，讓整體演出添加更多加分的效果，以下說明常見軟體。

♦ Touch Designer

	優點	缺點
	♦ 有免費版和付費的商用版本。 ♦ 節點式操作，透過連線來疊加效果。 ♦ 能處理多樣化圖像效果。 ♦ 結合聲音作變化。 ♦ 可整合舞台的燈光、視訊、聲音控制，也可做AR或VR。	♦ 進階操作仍需要會使用python。 ♦ 因須運算複雜的效果，所以需要效能較高的電腦。

♦ Notch

	優點	缺點
	♦ 有免費版和付費版。 ♦ 節點式操作，不會程式也能上手。 ♦ 強大的即時影像運算合成特效。 ♦ 可整合舞台的燈光、視訊，並結合聲音做變化，也可做AR或VR。 ♦ 能做複雜的流體粒子效果。	♦ 只提供Windows版本。 ♦ 因須運算複雜的效果，所以需要效能較高的電腦。

♦ openFrameworks

	優點	缺點
	♦ 免費下載，**開源**[3]且跨平台的C++工具包。 ♦ 能處理多樣化圖像效果。 ♦ 結合聲音做變化。	需要會C++。

◆ Quartz Composer

優點	缺點
◆ MAC內建功能，免費。 ◆ 節點式操作，不會程式也能上手。 ◆ 可處理多樣化圖像效果。 ◆ 結合聲音做變化。	◆ 部分功能需要其他軟體作為媒介或支援。 ◆ 2015年macOS 10.15 Catalina開始已經停止優化，且無法安裝。

◆ Processing

優點	缺點
◆ 免費下載且開放使用原始碼。 ◆ 不需安裝軟體，可直接運行程式。 ◆ 可處理多樣化圖像效果。 ◆ 結合聲音做變化。	需要懂一些基本程式語言（JAVA）。

聊那些 VJ的心內事

　　我最先接觸的第一套軟體為Quartz Composer，是MAC開發用來做螢幕保護程式影像的程式工具，當時市面上部分VJ軟體有支援這套的格式，所以透過這套軟體設計的影像，可以到VJ軟體做整合，讓畫面更加即時與豐富，只可惜這套軟體在2015年macOS 10.15 Catalina開始，已經停止優化，且無法安裝，不然它的創作性其實蠻多變，也不難上手，在之後陸陸續續聽到有人使用像Processing（開源程式語言）、openFrameworks（須運用C++編寫） 等去做影像互動的素材，這些軟體是需要會程式語言才會好上手，以及進行編寫。

　　Touch Designer、Notch則是使用節點連接式介面進行操作，對於不會程式語言的設計師們比較容易入門。Notch在畫面變化上有著強大的即時運算合成特效；而Touch Designer除了能進行操作外，也具有OSC、DMX、Spout、UDP/TCP等，在整合舞台的燈光、視訊，以及聲音控制上，更是方便。

近幾年來很夯的Unity、Unreal Engine，這兩套虛擬引擎主要用來製作遊戲，但近期已被廣泛運用在AR、XR等互動科技上，不管是電視影像，或是現場LIVE活動表演等，都有它們上場的機會。

尤其Unreal Engine 5目前支援龐大數據的幾何體渲染模型，且能將資料串流與縮放，以盡量保留細節不會出現明顯失真；燈光部分則提供高品質、完全動態的Globle Illumination和 Reflection，除了能及時算圖，還能做遊戲、模擬舞台燈光效果等，軟體的功能開發越來越強大。

- VJ 工作 Q&A -

上述的軟體，若要控制燈都需要一些步驟來調整，或是有所限制，想請問有什麼軟體是專門在控制燈光的嗎？

有的，市面上有專門控燈的軟體，例如，MADRIX Lighting Control，它的介面操作類似VJ軟體，除了可以控制2D LED顯示屏外，還可以控制3D LED矩陣的圖形去做排列，加上軟體內建部分模板，所以在操作上能直接套用進去，非常方便，可立即看到燈光效果。

▲ MADRIX Lighting Control

Section 05

3D 軟體

3D軟體有Maya、3D Max、C4D、Blender等，在選擇上，建議以介面和功能適合自己的為主，只要了解軟體特性，沒有硬性規定一定要學哪套。

但大部分人在進入 VJ 產業時，都會問，要學哪個？哪個比較好用？功能比較厲害等，想要像一開始就挑對股票般的選，但在實務上，會建議到官網下載後試用，玩過及操作過每個軟體後，再決定要學習哪個 3D 軟體也不遲。

我是學 3D Max 出身，但因為 3D Max 做動態實在有點不順手，後來才轉成 C4D，但我比較習慣使用 3D Max 製作建模，因 C4D 在建模功能上相對比較弱一些；而 C4D 就較適合做一些 Motion Graphic（動態圖像設計）的物件。兩套軟體都可以做到對方能做的事情，但就方便和特性而言，過程就會拉大彼此的距離。

所以，當了解這些軟體的特性，就可以針對有興趣，或是想專精的部分學習。因為「問對方向，比問學哪個可以出人頭地的好」，很多軟體可能當下流行，但不代表以後會繼續流行，千萬別跟著潮流鑽進去。

註

1　**SMPTE 時間碼**：為時間標記系統，能同步不同設備的時間，且統一運作。

2　**CDJ**：為數位音樂播放器，能讀取音樂 CD 或 USB，並透過連接到控制器或混音器，讓操作者能選曲、控制音量和創造混音效果。

3　**開源（open source）**：分享並開放大家編寫它的程式，但原始碼不一定開放。

05 認識VJ的器材及設備

除了個人常用的工具外，VJ必備的筆電、控制器、轉接器等，以及在活動現場要接上硬體設備的線材等，都須認識。

若沒人可詢問，可藉由網路查詢相關資訊。相較於以前網路不發達的時代，我們只能到賣線材的地方請教店員、老闆，或是到現場後，詢問大哥、大姐們，但因現場人手有限，有時可能無法照顧到每個人，所以建議在出發前，先自行認識並辨別相關線材。

Section 01

控制器

控制器可有可無，並不是非買不可，一切看自己的需求。

◆ 控制器上常見零件

旋鈕

| 主要操作方法 | 可左右旋轉。 |

運用左右旋轉方式，控制各種效果的數值大小，例如，音調、反轉、扭曲等，便於使用漸變效果。

推桿

主要操作方法　上下推。

可調整聲音音量或其他效果，運用上下推動來調整數值變化。

按鍵

主要操作方法　按壓。

可設定類似快捷鍵的功能，能快速呼叫預先設定好的素材或功能。

COLUMN 01

常見控制器

　　控制器若搭配軟體使用，反應速度會變快，而對應的按鈕也可自行規劃與設計，在更換特效效果時，能快又順暢，使畫面變化更為流暢。

　　但使用者不一定要購買特定的控制器，只須手感舒適、符合自己需求，且能在現場放置，都可以拿來使用，但最重要的是，選擇適合自己的操作方式，以讓整體表演更為順暢。

Pioneer DDJ-SP1

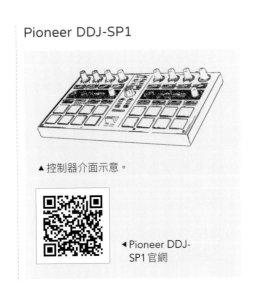

▲控制器介面示意。

◀Pioneer DDJ-SP1 官網

KORG nanoKONTROL

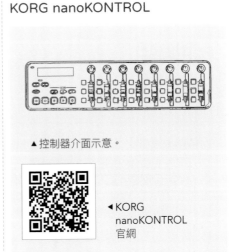

▲控制器介面示意。

◀KORG nanoKONTROL 官網

ALLEN&HEATH Xone：K2 DJ MIDI Controller

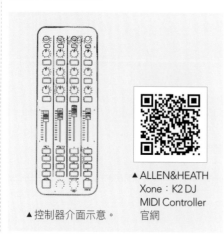

▲ 控制器介面示意。

▲ ALLEN&HEATH Xone：K2 DJ MIDI Controller 官網

MIDICRAFT.FADE² MIDICRAFT. ENC

▲ 控制器介面示意。

▲ MIDICRAFT. FADE² MIDICRAFT. ENC官網

Resolume MIDI Controller

▲ 控制器介面示意。

◀ Resolume MIDI Controller 官網

YAELTEX MODELS

▲ 官網教學的截圖示意。

▲ YAELTEX MODELS官網

▲ 示範操作影片 QRcode

市面上有很多廠牌的控制器，使用者可以逐一比較它們的按鈕是否適合自己，以及是否順手好用，或是自行購買面板來組裝控制器，就可自由選擇按鈕造型、按鍵數量，或是否按鍵發光等，也可以自己設計外形，做個屬於「只有自己出場」才會出現的控制器！

　　我使用的是KORG nanoKONTROL2控制器，除了尺寸適中，可以方便放置在筆電下方，而且按鍵和旋鈕的數量也足夠外，價位也不算太高。

　　此外，我也很喜歡ALLEN&HEATH Xone：K2 DJ MIDI Controller，因為它的形狀是長方形，可以卡在旁邊，而且推桿比KORG nanoKONTROL2更長。

　　我想表達的是，不同的控制器各有千秋，最重要的是「找到最適合自己的方式來控制現場」，並讓畫面呈現出美麗且完整的效果，才是最重要的事。

Section 02

線材

　　在現場時，須先了解不同的接頭和線材，以應對現場需求。例如，若要將筆電的影像傳輸到大螢幕，就需要轉接頭來傳輸；要播放電腦的聲音，就須使用對應的線材來傳送聲音。

　　因此，我們需要了解不同的接口，要對接哪個頭，以便快速且準確的完成連接，才不會在現場手忙腳亂，一問三不知，造成現場的混亂和進度落後。

COLUMN 01
影像傳輸轉接頭

　　隨著時代的進步，顯示器的清晰度和彩度越來越高，目前的主流方向已轉向使用LCD和LED顯示器，而VGA主要是為了傳統顯示器而設計的接口，因此在使用上已逐漸被淘汰。

♦ VGA（Video Graphics Array）

用於較傳統的顯示器上（**類比訊號** [4]）。

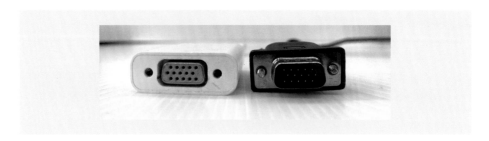

♦ DVI（Digital Visual Interface）

雖為數位訊號，但支援類比訊號。

DVI 分為五種格式，以下說明。

DVI-D（Single link）：支援 Digital **數位訊號** [5]。

DVI-D（Dual link）：支援 Digital 數位訊號。

DVI-A：支援 Analog 類比訊號。

DVI-I（Single link）：支援 Digital 數位以和 Analog 類比訊號。

DVI-I（Dual link）：支援 Digital 數位以和 Analog 類比訊號。

◆ HDMI（High Definition Multimedia Interface）

除了傳送數位訊號外，還能傳送聲音訊號。

HDMI 分為四種格式，以下說明。

 HDMI A Type：一般常見視訊設備（電視、電腦螢幕等），有19PIN。

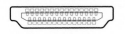 HDMI B Type：用於專業場合，頭較寬有29PIN，傳輸量也是 A Type 的兩倍。

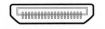 HDMI C Type（mini-HDMI）：在攜帶型或較小型的設備上較常看到，例如：數位相機、DV等。

 HDMI D Type（Micro HDMI）：較新、較小的接口，使用於較小的設備上（例如，相機、手機等），雖然也有19PIN，但整體尺寸小了許多，不止支援較高解析度，在傳輸速度上接近5GB。

◆ DP（DisplayPort）

屬封包式數位訊號，利用類似乙太網路的**封包**[6] 傳輸技術來傳送訊號。

♦ Mini DisplayPort

屬封包式數位訊號,利用類似乙太網路的封包傳輸技術來傳送訊號,屬較舊的蘋果電腦專屬接頭。

♦ Thunderbolt 2

蘋果電腦設備上的專屬接頭。

♦ Thunderbolt 3/4

蘋果電腦設備上的專屬接頭。

- VJ工作Q&A -

如何區分 Thunderbolt 2、3、4 的連接埠

　　Thunderbolt 2、3、4為蘋果電腦近幾年使用的接頭,而Thunderbolt 3的外觀與USB Type-C的連接埠非常相似。要區分它們,可看接頭上是否有閃電標誌(Thunderbolt 3),或在筆電上是否有標記(但有部分例外)。目前已出到Thunderbolt 4,它可相容USB 4.0裝置,但這並不代表所有USB 4.0傳輸線都能逆向相容。在購買設備時,仍須注意,以免購買後無法使用。

❶ Thunderbolt 1、2
❷ Thunderbolt 3

充電／傳輸

　　USB是一種容易拔插的外接式傳輸介面，可用於電腦與各種外部設備間的連接、供電和通訊。

　　▨ 最常見的是USB-A接口，適用於大多數PC和MAC。
　　▨ USB-B常用於不常拔插的設備，例如，印表機、掃描儀等。
　　▨ Type-C和Lightning是蘋果公司專屬的連接器。

　　使用者可根據不同的設備使用不同的接口，最重要的是，在使用這些接口時，要準備好轉接頭，以備不時之需。而隨著時代的進步，USB已經晉升至可大幅的縮短傳輸資料的時間，尤以USB 3.1 Gen 2來說，速度已可達10 Gbps，可以大大提升我們的工作速度。

❶ USB-A：適用於PC或MAC。
❷ USB-C（Type-C）：MAC專屬的連接器。
❸ Lightning：MAC專屬的連接器。
❹ USB-B：適用於印表機、掃描機等，不常拔插的設備上。

攝影機傳輸

▲ SDI（Serial Digital Interface）

　　用來傳輸較高階的廣播設備，無壓縮及加密的數位訊號，以及長距離的影像傳輸，例如，不同賽事的轉播等。

聲音傳輸

又稱為Cannon（卡農）線，常用於專業麥克風或錄音器材上。通常接在錄音介面上，藉此輸入／輸出聲音。

✦ XLR（公母）

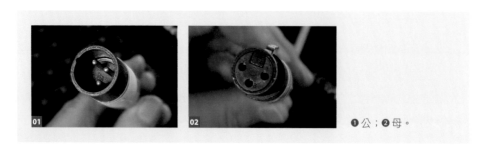

❶公；❷母。

✦ 3.5mm TS／TRS／TRRS

為手機、電腦或平板等的耳機傳輸線，或桌上型喇叭的傳輸線、聊天用的麥克風線等，使用的設備多為立體裝置，也被稱為 mini Phone Jack。

❶ TS-3.5mm：一環黑線，單聲道。
❷ TRS-3.5mm 2環：兩環黑線，左聲道＋右聲道。
❸ TRRS-3.5mm 3環（麥克風）：三環黑線，左聲道＋右聲道＋麥克風訊號。

✦ 6.3mm TS／TRS

6.3mm Phone Jack，也被稱為1/4接頭，為中大型音響設備或樂器的導線，例如，電吉他、電子琴、麥克風等設備會使用。

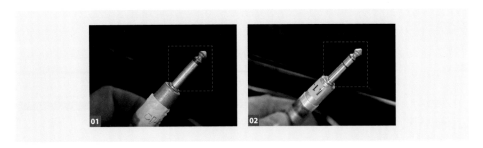

❶ TS-6.3mm（Tip-Sleeve）：一環黑線，mono單聲道。

❷ TRS-6.3mm（Tip-Ring-Sleeve）：兩環黑線，平衡訊號或雙聲道訊號。

常用器材

◆ 影像擷取器（擷取卡）

為一種外接的裝置，可將筆電的視訊、HDMI攝影機等影像設備，轉換為SDI提供給電視台轉切使用。或是將影像輸入到電腦裡，經由VJ播放軟體的特效混合，即時算圖，並輸出到現場。

◆ 錄音介面

外接的電腦音效卡，可用來錄音，以及提供處理和輸出功能。在現場演出時，經由機器的轉換傳輸，讓電腦端的聲音能在現場播出。通常由硬體商提供他們的機台，或由我們自行攜帶。

✦ 區域網路

若在現場使用一般網路，例如，跨年場或演唱
會時，經常會遇到人潮過多的地方，收訊不佳
的狀況，訊息傳輸需要好幾小時才能接收完成。
所以，我們通常會建立自己的區域網路，只提
供給內部人員使用，除了方便傳輸檔案外，也
不易發生干擾的狀況。

-VJ工作Q&A-

好用的硬殼行李箱要來一咖？

行李箱就看個人了。像我很懶，常要用背包背著兩台電腦，還有其他
設備的話，到現場我就先累一波，不如用拖的到現場，好整理又防撞，身
體也不會因為背負太重的東西而受傷（閃到腰之類），況且市面上也有出
專用的工具行李箱，非常吸引人，但這都視個人需求，沒有一定要購買。

Section 04

現場常見的器材設備

✦ 導播機（小型活動控制器）

現場的導播機分為大型和小型的版本，雖有不
同型號，但使用方式大同小異。

主要為方便導播切換畫面，而現場通常會架有
一到兩個螢幕供我們監看，但若現場可直接看
到畫面，就不須另外架設，除非現場人員判斷
後，仍需要多台螢幕，才會再架設。

◆ 影像切換器（大型活動控制器）

在大型活動中，最常見的機台是 Barco，除了能
分配繁雜且大量的配置，像台小型電腦外，也兼
具導播機功能，更配有觸控螢幕。對於演出的
即時反應快速又直接，因此在演唱會上，經常
可以看到它的身影。

◆ 對講機單邊耳罩

為結合單邊耳機與麥克風的設備，常用於須即
時溝通的場合。例如，控制室、演唱會等。因
在表演時，大家身處不同地方外，和舞台的距
離較遙遠，所以通常會配戴對講機，以便和不
同單位溝通。

對講機單邊耳罩的聲音只會從一邊耳罩傳遞，
另一邊則讓使用者聽到周遭的聲音，以免因遮
蔽所有環境音而無法察覺現場狀況。

此外，對講機單邊耳罩的小盒子也可調整聲音
大小，使用者可依需求進行調整。

聊那些
VJ的瓜內事

在現場使用對講機單邊耳罩時，要講話時須按下按鈕，對方才聽得到；
若沒有按下按鈕，就是一個人在自言自語。

但有時講一講會忘記關掉按鈕，就開始和旁人閒聊；或直接去上廁所。
所以在這個訊號裡的人，全部都聽得到你在講什麼喔！（所以講壞話前，要
記得檢查一下，按鈕是不是沒有關！）

◆ 影像處理器

現場演出常用的設備，Barco 所出產的 E2，以及 Encore 內建路由器（Router）功能，能便於分配和切換大量的影像訊號，通常會與同品牌的影像切換器搭配使用，是現場演出的重要設備之一。

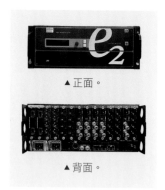

▲ 正面。

▲ 背面。

◆ 矩陣切換器

提供多路訊號輸入與輸出，可切換「輸入訊號」於不同路的「輸出訊號」，例如，HDMI、VGA、DVI 等，讓使用者能在不同的設備間進行訊號切換。因不同的設備可能會有不同的接口，而矩陣切換器能解決接口不匹配的狀況，讓各種設備能順利的接入現場系統。

此外，矩陣切換器如果放在桌底下，或是安裝在機櫃中，通常是怕受到外界干擾或是誤觸；而若是為了讓訊號能穩定傳輸，放在明顯的地方，則是方便現場能快速的切換。以下為活動現場常出現的其中兩種矩陣切換器。

DVI 矩陣切換器

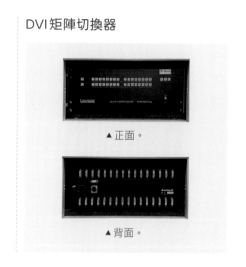

▲ 正面。

▲ 背面。

SDI 矩陣切換器

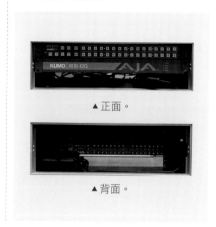

▲ 正面。

▲ 背面。

註

4　**類比訊號（Analog Signa）**：以數學函數來表示為「連續值」，而大自然的訊號皆屬於類比訊號。

5　**數位訊號（Digital Signal）**：以數學函數來表示為「不連續值」，以二進位（0 或 1）的形式來紀錄。

6　**封包**：又稱為數據包，為網路傳輸用的單位。

常見問題 Q&A

COMMON QUESTIONS & ANSWERS

01 QUESTION 如何提高VJ的演出能力？

除了基本功要扎實，多方面學習與練習外，可參考以下建議。

▥ 多欣賞其他VJ的演出，學習技巧與風格取向。

▥ 多參加各種不同有VJ會出現的活動，藉此刺激視覺。

▥ 積極爭取實習機會、工作坊、研討營，以增加經驗。

▥ 參與相關的比賽，藉此嶄露頭角。

▥ 建立自己作品網頁或粉絲頁，做線上交流。

▥ 找機會與自己喜歡的音樂人、藝術家、動畫師、設計師等合作表演，擴展人脈和圈子。

02 QUESTION 一位好VJ須具備什麼條件？

沒有絕對的答案，每個人界定事情的角度都不太一樣。

首先，對音樂和視覺藝術要有熱忱，並追求視覺上的享受。

接著，較常出現答案為，設計感好、對節拍、節奏感好的人、有高度責任心、溝通理解能力強、音感好、機動性高等，最好將所有技能都點滿，就是一個理想中的好VJ。

另外，除了做好自己分內的工作外，對VJ的未來發展比較重要的是：「因市場需求不斷的增加，所以要常提升自己的技巧」，除了增加互動性或視覺創意效果外，多和不同的藝術家，或各種不同領域跨界合作，增加多樣性的內容，以及嘗試與不同商業模式結合、市場行銷等，藉此提升對市場趨勢的敏銳度，也能把握住嶄露頭角的機會。

03 | QUESTION | VJ表演通常在哪些場合下出現？

通常出現在夜店、大小型演唱會、派對、發表會、特別活動等。

04 | QUESTION | 當VJ一定要學這麼多套軟體嗎？

不一定，視情況而定。

以2D為主，請先專注一套軟體，熟悉所有工具及技巧後，創作出屬於自己的作品，將自己熟悉的領域發揮到極致，再往外延伸。

以3D為主，請先專注一套軟體，熟悉所有工具及技巧後，往自己喜歡或想鑽研的方向作創作，也可趁機接些小案子練習，以增加作品量，將這領域練得更加熟悉，並且發揮到極致後，再往外延伸看看自己需要哪些輔助工具來讓作業更加順暢或精緻。

以素材混合、影像剪輯為主，除了練熟VJ播放軟體外，在學習剪接的過程中，可一邊練習特效合成，讓素材增添自己的風格；或在VJ播放軟體中，做出屬於自己的特效來做演出，最後再尋找並補足自己所欠缺的部分。

05 | QUESTION | 如何可以快速學軟體？

有些人在看完說明書後，很快就會學起來，那是極具天分的人，而我自己學軟體通常是：

❶ 了解所有工具和介面，不一定要背下，但大致上要知道對應功能是什麼。
❷ 找特定單元的教學來學習，完成作品是熟悉軟體工具的方式之一。
❸ 在學習過程中，有一本學習筆記，寫一本屬於自己的工具書（記憶力好的人可省略這步驟）。
❹ 反覆運用與練習。

學會一套軟體後，同類型軟體的操作邏輯和概念，通常不會差太多，我會依據相同屬性的軟體去思考相似的工具，使用方式通常相似度很高，若遇到例外，再視情況調整即可。

06 當VJ是不是要一直熬夜？
QUESTION

　　視情況而定，但熬夜趕件，真的很難維持高品質，也容易出錯，非不得已，仍建議不要熬夜製作比較好。

　　但做設計的，很難不加班或是熬夜？有的是因稿子需要多人審閱，而來來回回的等待時間過長，修改的時間就會往後延，導致製作時間變短外，加上又靠近結案時間，那就只能加班或熬夜。

　　也有其他情況是，對稿子的呈現方式無法拿定主意或是不夠完美，就會進入一個永無止盡的修改，改到最後結案時間也近了，進度卻嚴重落後。

　　也有因疫情影響，多數人無法工作，就剩部分員工在做事，萬一有急件或是某案子期限快到，就會把工作量加附在能上班的同事上，也會導致加班或熬夜。

　　除以上例子外，也有其他因素，而影響製作時間，例如，臨時改設計方向，或是設計師軟體不夠熟悉等，都是有可能發生的狀況，若是在能自我解決的範圍內，例如，需要經驗就能克服的狀況，我都會預先準備或是平常多做練習，加快自己的操作速度，讓自己能準時下班。

07 到活動現場還會加東西，或改東西嗎？
QUESTION

　　不一定，但若遇到了，就會想辦法處理。

　　若要加入新元素，通常會依據剩餘開場時間，以及所須的製作時間來評估。若新加入的元素相對簡單，則會當場製作；若需要修改，也是以相同方式評估，是否先將現有素材製作成一段完整的影片，再進行修改。若時間來不及，則要事先告知對方，再商討解決方案。

08 當VJ有機會跟藝人接觸嗎？
QUESTION

　　不一定，但如果藝人有參與討論，是有機會接觸到，也有可能合影留念，但在工作中不建議開啟「迷妹模式」，除了讓人覺得自己在工作上不專業外，也會造成其他人的困擾。

09 演出前很緊張怎麼辦？
QUESTION

以下純屬個人建議，不一定適用所有人。

- 想辦法轉移注意力，開場後再專注。
- 手收好，放背後，數觀眾進場、找名人。
- 和同事聊天。
- 紙上模擬演出流程。
- 不停檢查設備有無問題，遇到問題怎麼解決。
- 背九九乘法表。
- 唸唐詩三百首。
- 在手心上寫個「人」。

10 萬一在演出中放錯東西怎麼辦？
QUESTION

先勇敢承認錯誤，如果現場判斷情況可以收回就趕快收回，若是收回畫面的情況沒有比較好，就放到完為止（最好的情況是沒人發現趕快下掉）。

11 演出中，如果遇到不可預期的情況，怎麼處理？
QUESTION

- **地震**：不能先躲到桌下，要先問導演怎麼處理，接到指令後，通常當場會協助疏散觀眾，螢幕要先放上輔助引導觀眾離場的文字，再去避難。
- **戶外場狂風暴雨**：通常棚子會做防雨水噴進來的透明遮蔽物，如果真的風雨太大，導致雨水噴進來，請用身體保護正在執行任務的電腦設備，不讓它們被水淋到。
- **突然斷電**：演出中屏幕突然一片黑時，先聽耳機的情況，或是導演端有無任何指令，隨時準備復電的時候，將電腦準備就緒。
- **台上表演者摔傷**：若表演沒停則繼續播放主屏，現場畫面避開傷者的畫面；若表演直接停下來，則全部螢幕拉黑。

12 演出中，忍不住想上廁所怎麼辦？
QUESTION

以下純屬個人建議，不一定適用所有人。

- 找同事頂替。
- 沒同事只好找空檔去上。

13 如何在求職網找像VJ的工作？關鍵字是什麼？

直接在求職網上搜尋「影像騎士」，有機會找到幾個職位，通常我會去活動公司，或演唱會公司搜尋動畫師、美術相關的職位，再看他們需不需要出差，也可以在面試時做詢問，通常比較有機會找到。

或是，在臉書上有相關專欄的求職粉絲頁，利用貼文自我推薦與描述想做的職位，也可增加曝光度和機會。

關鍵字：影像騎士、2D動畫師、3D動畫師、美術設計、VJ 等。

14 不是本科系的學生有機會當上VJ嗎？

當然有。

如果是跟設計相關類的科系，比較好轉，也比較容易學習，可先從剪輯短素材影片開始著手，再嘗試製作動畫類型的短片，或是後製特效類型的作品，藉此累積作品集。

如果非本科系的學生，會比較辛苦，在學習軟體上就要下足功夫。因沒有基礎的邏輯概念起頭比較難，所以可先從平面美術，或是剪輯短素材、混合素材加特效著手，以現成的東西下去製作並練習，用慢慢完成作業的方式來學習，除了會比較有成就感外，也較能持續創作下去。

15 現在學校學的軟體以後出去用得到嗎？

不一定。

視自己應徵的方向和公司的走向而定，每家公司習慣使用軟體不太一樣，若學校教的軟體跟公司用的不一樣，多多少少會影響面試的結果，如果真的很想進這家公司，也可以試著跟公司討論轉換軟體的方式，仍有機會進入該公司。

16 VJ薪資好嗎？

以個人接案來說，時間自由外，想賺多，就多接幾個案子，自然會比固定薪資的多；但如果沒案子接的話，就會沒有收入，相對比較不穩定。

在公司領固定薪資者，有的公司可能會有分紅或是獎金，屬於較安穩的固定收入，所以很難在一個月內突然大賺一筆，所以若要多賺一些的話，就須兼差才能增加收入。

17 做VJ有什麼福利嗎？
QUESTION

　　我覺得能跟著活動團隊到處巡演，去各地看不一樣的文化與生活、吃好吃的食物，對我來說就是一大福利，因為多半工作不太需要出差，或是上、下班都在同一個地方，所以能在不一樣的地方吸收不同的經驗，對我來說很有趣，但這個很看個人，不一定每個人都這麼認為。

18 VJ的職業發展為何？
QUESTION

　　VJ除了常在夜店出現外，在演唱會、音樂會、發表會、記者會、直播等活動中常伴隨著出現，也就是說在音樂、藝術、文化、影視娛樂等不同的領域中，都有著需求越來越多的傾向，這代表著，其實VJ有廣闊的就業前景。所以只要找到適合自己的定位點進入市場，並且符合現在市場的需求和流行趨勢，就能在眾多對手中脫穎而出，並擁有較高的競爭力，

19 Arena及Avenue的差異？
QUESTION

　　Arena及Avenue兩者功能差不多，為VJ的常用軟體，只是Arena比Avenue多了以下幾項功能：Projection Mapping（建築物投影）、Edge Blending（邊緣融合）、SMPTE Timecode input（SMPTE 編碼輸入）、Denon StageLinQ（StageLinQ輸出）、DMX Control（DMX控制）、DMX Fixture Output（DMX 燈具輸出）、Capture Card Output（擷取卡輸出）、Groups（群組）、Slice Transforms（切片變形）。

步入
影像騎師（VJ）
的現場

Step into the scene of VJ

CHAPTER 02

01 認識活動現場人員

GET TO KNOW THE EVENT STAFF

以活動中最常見的演唱會為例，最常接觸到的幕後人員，通常會有以下幾個部分（下圖），這些單位也會根據活動的性質加以調整，所以不一定會如同下圖所敘述的完全相同，通常都會有調整的空間，以及互相支援的部分。

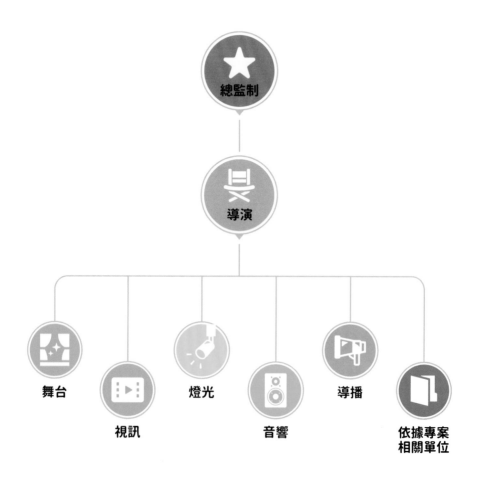

總監製／製作

　　活動的發起人，除了要決定場地外，還要計算製作經費，以及找尋各單位提出需求的執行、活動企劃、行政宣傳、贊助商等單位，通常負責多數的行政工作。

導演／秀導

　　演唱會的首腦人物非導演莫屬，除了要領導團隊、負責溝通外，還要擬定整個專案的方向與內容、了解歌手本身特質與發想表演概念，以及控制和解決現場所有問題，讓演唱會團隊們朝著精準的方向前進，在現場是需要扛起許多重擔的角色。

- VJ工作Q&A -

現場有遇過嗓門比較大的導演嗎？

　　他們真的只是嗓門比較大，以及希望秀可以順順利利的進行，沒有其他意思。加上因為他們壓力真的蠻大，需要地方宣洩出來，過了就沒事了。

　　而且，他們只有在現場嗓門會比較大聲，在私底下，我們也是被照顧得好好的，不會讓我們少吃一餐、沒地方休息，或是沒事來找碴。

　　當然也有文靜一點的導演，希望我們在現場好好發揮自己的功能，整場下來，只有在重要時刻才會講話，其餘時間都非常安靜。

　　由此可知，每個導演的個性跟工作風格都不一樣，但其實只要做好自己分內的工作，大部分都是很好配合的。

視訊最常接觸到導演，但聽說導演／秀導很兇？

　　當然常接觸到！因導演必須控制現場所有的進度與狀況，每個環節都必須到位才能完完整整的呈現活動內容，哪邊出狀況，就須立即討論用哪個備案來替補，或是當下要果斷地下決定，可見壓力之大，算整場活動的關鍵人物之一。不過，其實很少兇的導演啦！基本上，每個導演都對我很好，除非是犯了不該犯的錯，或導致活動無法繼續下去，才會被唸。

　　我記得第一次出場工作時，我只要負責備用機，還有開場前的須知影片播放，帶我的人千交代萬交代的叮嚀我「手要收好」，如果緊張會想按東西的話，最好把手放背後，聽完的當下，我真不明白是要多緊張才會這樣，所以我的手依舊輕鬆的放在鍵盤上，等待著導演的指令。

　　就在時間快到時，導演的助理跑來跟我說：「可以播放廣告了」，但我還沒接到導演指令，也不知道是不是導演請他過來跟我說，加上那場耳麥不夠，我聽不到內部的現場狀況，所以心想，再等等好了。

　　所以我先把滑鼠游標移到播放鍵上，但怎知這台筆電的觸控這麼好，我的手才放上去輕輕一滑，畫面就噴出去了。當下我彷彿聽到「手給我放到背後去」的迴音，然後心想著：「都是助理害我的啦！」而眼前的同事不停對著我切脖子，這幾秒彷彿去了一趟地獄，我有多希望時間先暫停一下，回過神來，立馬拉掉開場影片。

　　我一邊道歉，一邊想著，萬一被fire掉，我會不會黑掉，沒人敢用我之類的，但導演卻說：「如果藝人也準備好的話，那我們就直接開始吧！」

　　於是，我們提早開場（我上輩子一定有燒好香）。

Section 03

舞台設計

　　舞台設計會依據不同的活動內容、場地的空間限制等，規劃出不一樣的舞台外觀，以及要設計出將演員們的表演空間更具焦點化的舞台。

此外，也要配合其他設備做微調，不止是音響、燈光、投影等器材或設備的懸吊位置，有些還需要安排過場通道、升降舞台，或是特效、道具的架設位置等，全都不能馬虎。

最重要的還是「安全問題」，如何搭建舞台結構、安排機械乘載在安全值內等細節，都要一一把關，將演員們的安全一起考慮進去，並讓觀眾既可以專注在表演上，同時又能為表演觀感加分。

- VJ工作Q&A -

漂亮的舞台是不是很貴？

當然！預算的高低會影響到舞台設計的樣貌和可行性，但即使預算低，也可透過巧妙的設計和布局，創造出不同的效果。

舞台設計師除了要了解舞台搭建的結構外，有時也會運用新技術，設計出令人意想不到橋段及安排。

此外，也須與其他工作人員密切合作，例如，舞台搭建師、音響師、燈光師等，以確保所有設備、設計都能正常運作，並呈現出最佳效果。

一直在現場監工很累，又沒特別發生狀況，覺得待在現場監工好浪費時間，可以畫完後，線上溝通就好了嗎？

如果你跟師父很有默契，能確保施工中都沒有問題，以及完工後會跟設計圖一模一樣、安全措施也都沒問題、客戶也滿意，當然可以啊！（但不要說是我說的！）

但在施工中難免會發生突發狀況，例如，設備故障等，若沒人能在現場及時處理，易導致工程進度延誤，甚至影響整個項目的品質。再加上現場監工能及時調整和協調現場工作，保持項目進度和品質的穩定性，因此仍建議至少要有一人在現場。

視訊

VJ屬於視訊這個領域，而我們的工作則分成前期製作和現場控管。

◆ 前期製作

- 創意發想。
- 影片剪輯。
- 互動設計。
- 美術風格設計。
- 影像處理。
- 與客戶溝通。
- 動畫製作。
- 合成特效。
- 其他。

◆ 現場執行

- 器材分配。
- 表演中出狀況的即時反應。
- 檢查現場LED、聲音狀況。
- 要非常專注，且不能出神的看表演。
- 確認播放素材順序與種類。
- 記錄活動內容，做成品展示。
- 溝通後，現場可再修改的設計。
- 其他。
- 彩排再次檢查。

- VJ工作Q&A -

設計有哪些？

　　除了海報、DM、宣傳輸出物等平面輸出品外，還有周邊商品的設計、網頁的規劃，這些則屬於公關公司或宣傳製作的範圍。

　　VJ則屬於現場視訊，負責表演節目和舞台背景、屏幕上的內容。除了生動華麗的動畫外，現在也常製作能與現場觀眾互動的展演模式，或是利用雷射做特殊效果、運用裸眼3D技術讓畫面更有真實感等，在設計上越來越多樣化。

聊那些
VJ的瓜內事

　　我最愛看真鍋大度的作品，他是日本的新媒體藝術家，本身還是位軟體工程師，他幫Perfume設計的聲光視覺表演真的很有巧思，讓藝人不止是唱歌、跳舞，而是在表演中插入讓人驚喜的畫面，每一次新的演出都是大家追隨的潮流。當然，也有其他很棒的公司，例如，Moment Factory 、teamLab等，都是不斷創新且值得注意，和學習的。

Section 05

燈光

　　燈光師除了跟隨音樂節奏做設計外，要依據劇情、場景、演員的情緒來設計燈光效果。須設定要使用表演中的舞台燈，例如，過場換裝時現場全黑？還是要做特殊視覺效果？要加上燈條還是雷射來補強氣氛等，都需要燈光師來設計及安排，這都會直接影響演出的效果和觀眾的感受。

Section 06

導播

　　現場轉播LIVE畫面，通常由導播和助理導播組成。

　　導播負責指揮和控制現場轉播的畫面，包括切換不同畫面、調整畫面至合適的大小和比例等，他們要精通現場轉播的技巧和流程外，也須熟悉現場的狀況，且能快速做出反應和指令。

　　助理導播則負責協助導播完成工作，包括傳達導播的指令給攝影師、調整畫面效果等，他們要具備一定的技術能力，和對現場情況的敏銳度，才能快速反應及處理突發狀況。

音響

　　現場聲音播放很重要，包括音響位置和場地都會影響聲音的品質，若是沒擺放好或音調得不好，就會讓聲音聽起來悶悶的；樂器的調整也相同，若是沒安排好，聲音則會不和諧，變成很雜的刺耳聲；人聲也是，太小聽不到、太大聲又太銳利等，每一項都是一門學問。

Section 08

硬體統籌

　　負責工程的統籌與監工，這也是非常重要一環，包括安排燈光工程、視訊工程、舞台工程、音響工程等各單位工程的時程表外，還須控制進退場時間、與演出場地接洽、與導演溝通需求、協調解決硬體上的問題、協調場內事務等，以讓活動更順利進行。

聊那些 VJ的心內事

　　在現場，要好好講話、好好做人，你以為VJ只是播放影片，其他就沒有我們的事嗎？

　　如果LED上面有雜點、要校色，可是要麻煩大哥、大姊的；再來，視訊的前製作業也要和燈光做溝通協調，因為視訊和燈光如果同時「放大絕」，就會閃瞎觀眾的眼睛，不但沒辦法為舞台加分，還會倒扣；影片聲音若需要播放，也需要大哥、大姊的協助。所有設定上的問題，大哥、大姊永遠是你的好夥伴，好好叫聲「哥啊、姐的」，會讓你在現場如魚得水！

　　除了上述單位外，還有其他的單位，例如：行政單位，安排我們出差期間的需求；總務單位，規劃預算讓大家安排工作；舞蹈總監，挑選舞者、編舞、排舞，以及評估舞者在台上的表演環境；造型師，幫藝人設定需要什麼妝和服飾來搭配；現場拍攝的攝影師等，越大的活動，幕後團隊的單位就會分得越細。

02 現場配置圖說明
ON-SITE CONFIGURATION DIAGRAM DESCRIPTION

在進現場前,我們會繪製配置圖提供硬體公司,請他們協助準備需要配置的設備和線材,以便我們一到現場就可以開始測試,或是遇到突發狀況時有解決的方案。

聊那些
VJ的瓜內事

　　硬體大哥、大姊們是非常專業的,他們幾乎都會多備幾條線,以防萬一現場需要轉換別種轉接頭,或是線材有問題需要即時更換,但我們也不能因此帶著僥倖的心態到現場執行。

　　再來,如果我們在配置上有疑問,他們也會跟我們一起討論,看現場需不需要配置到這麼高的配備,或是幫忙省錢,所以擁有好的溝通能力,除了讓事情事半功倍外,有時也會有意想不到的結果。

　　現場配置有很多種分配方式,以下雖是舉實例說明,但各個物品的代號都是可以更換的,只要看得懂就好。

　　要注意的是「輸入與輸出的方向」,是用箭頭表示;「線的種類」,是以顏色區分。

　　而需要出現在控台上的物品,我們都會盡量繪製出來,包含需要多少副對講機,或是VJ須自備的東西,都會一一標示出來,盡可能標示的越清楚越好。

活動配置圖範例❶

　　中間是主要的大螢幕，用於顯示主要素材和影片；左右兩側是小型螢幕，用於播放動態LOGO或其他相關內容。

　　這場的複雜度不高，主要集中在中央的大螢幕上；當沒有表演時，整個螢幕就會播放活動形象動態畫面。

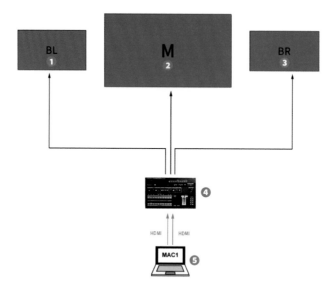

▲ 上圖為剛接案時，一場小型發表會的配置圖。

舞台上

- ❶ **左邊小螢幕**：形象LOGO和LIVE畫面。
- ❷ **大螢幕**：演出時的主要表演內容。
- ❸ **右邊小螢幕**：形象LOGO和LIVE畫面。

控台上

- ❹ **V-800HD**：活動控制器。
- ❺ **筆記型電腦**：主機，播放演出時的表演內容。

◆ 傳輸配置分析

➡ M：演出主要表演內容。

➡ BL 和 BR：形象 LOGO 和 LIVE 畫面。

整體控台分析

▫ VJ會使用筆記型電腦來控場。

▫ M代表中間的大型螢幕，由筆記型電腦的HDMI1連接埠（藍色箭頭）輸出信號，將畫面顯示在M大型螢幕上。

▫ BR和BL分別代表左側和右側的小型螢幕，它們由筆記型電腦的HDMI2連接埠（紅箭頭一分為二）輸出相同的信號，所以BR和BL的螢幕會顯示出相同的畫面。

活動配置圖範例❷

　　這場活動為「演唱會加線上直播」，所以除了主舞台上的三面螢幕外，小舞台上還有一面螢幕，供藝人看線上聊天室的留言，藉此搭配節目上的現場點歌活動。

　　因為L1的螢幕也會上聊天室的內容，所以除了攜帶主機和備機外，現場還會多帶一台專門連線聊天室畫面的筆記型電腦，將它們分開來播放，以免影響主機和備機；之後將額外匯出的聊天室畫面，傳送給主機和備機，再送到L1上，以確保現場演唱會和線上直播順利進行。

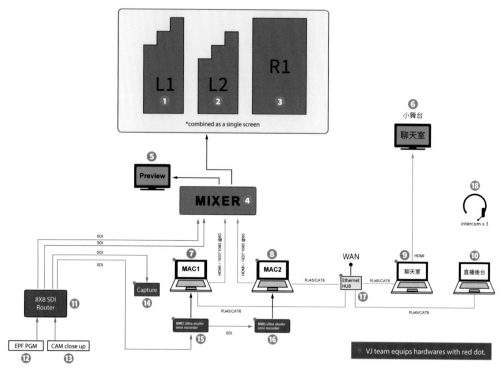

▲ 為演唱會加上線上直播的配置圖；由Infamous Visual Team 提供。

舞台上

- ❶ **左邊螢幕**：演出表演內容及聊天室的畫面。
- ❷ **中間螢幕**：演出表演內容。
- ❸ **右邊螢幕**：演出表演內容。

控台上

- ❹ **活動控制器**：切換影像畫面。
- ❺ **螢幕**：監控後台輸出畫面。
- ❻ **螢幕**：給小舞台看的螢幕。
- ❼ **筆記型電腦**：主機。
- ❽ **筆記型電腦**：備機。
- ❾ **筆記型電腦**：匯出線上聊天室的留言。
- ❿ **筆記型電腦**：線上直播時控制播出用。
- ⓫ **分配器**：分配畫面輸出訊號。

⑫ **攝影機**：攝影畫面。

⑬ **攝影機**：攝影畫面（半身）。

⑭ **影像擷取器**：擷取播出畫面。

⑮、⑯ **影像擷取器**：擷取攝影畫面訊號給筆記型電腦。

⑰ **區域網路**：只提供給現場後台使用。

⑱ **對講機單邊耳罩**：現場控台溝通使用。

◆ **傳輸配置分析**

➡ SDI：攝影現場影像訊號輸出。

➡ HDMI/1920x1080@60：影像訊號輸出（須支援1080P且有60FPS[7]）。

➡ HDMI：影像訊號輸出。

➡ 給硬體商分配：輸出影像。

━━ RJ45/CAT6：連接網路。

◆ **VJ會自行攜帶的物品**

圖中有「●」標示的物品，都是VJ執行演出時要攜帶的物品。

整體控台分析

▣ 主機為MAC1，作為主要播放三片LED內容、L1、L2、R1的筆記型電腦。

▣ 備機為MAC2，主要為MAC1的播放內容備份，以防MAC1萬一出問題時，MAC2可以持續進行活動內容。

▣ EPF PGM和CAM close up為現場的攝影機，會由SDI Router傳輸到活動控制器（中間黑機台V-800hd）和影像擷取器（BMD UltraStudio Mini Recorder），將擷取到的攝影畫面，送到筆記型電腦裡作為素材或直接播放。

▣ 右邊的筆記型電腦，分別為控制直播後台和聊天室的筆記型電腦，它們的訊號會由（Ethernet HUB）區域網路來做傳輸，除了聊天室畫面會送到小舞台上的螢幕外，主機和備機也會接收到聊天室的畫面，並在舞台的LED上播放。

活動配置圖範例❸

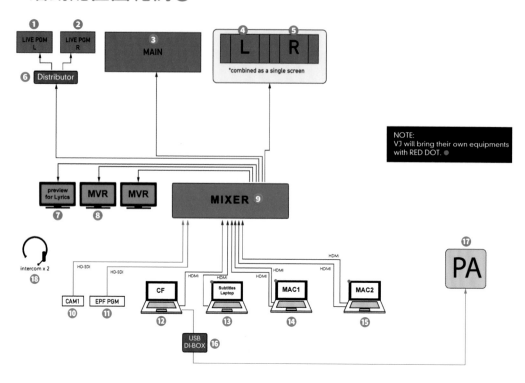

舞台上

- ❶ **左方較小螢幕**：演出現場畫面。
- ❷ **右方較小螢幕**：演出現場畫面。
- ❸ **中間螢幕**：演出表演內容。
- ❹ **左方螢幕**：演出表演內容。
- ❺ **右方螢幕**：演出表演內容。

控台上

- ❻ **分配器**：一分二的影像分配器。
- ❼ **螢幕**：監控字幕輸出畫面。
- ❽ **螢幕**：監控後台輸出畫面。
- ❾ **活動控制器**：切換影像畫面。
- ❿ **攝影機**：拍攝現場畫面。

- ⓫ **攝影機**：拍攝現場畫面。
- ⓬ **筆記型電腦**：播放廣告專用。
- ⓭ **筆記型電腦**：播放字幕專用。
- ⓮ **筆記型電腦**：主機。
- ⓯ **筆記型電腦**：備機。

⓰ **混音控制器**：將電腦的聲音輸出給音控的媒介。

⓱ **音控**：Public Address，掌控全場演出聲音的音控。

◆ 傳輸配置分析

➡ HD-SDI：攝影現場影像訊號輸出。

➡ HDMI：影像訊號輸出。

➡ **由硬體商分配**：輸出影像。

➡ SDI：攝影現場影像訊號輸出給影像擷取器。

➡ XLR：輸出音訊。

◆ VJ 會自行攜帶的物品

圖中有「●」標示的物品，都是 VJ 執行演出時要攜帶的物品。

整體控台分析

▫ 主機為 MAC1，作為播放所有 LED 內容的筆記型電腦。

▫ 備機為 MAC2，主要為 MAC1 的播放內容備份，以防 MAC1 萬一出問題時，MAC2 可以持續進行活動內容。

▫ 筆記型電腦 CF 主要為開場前播放廣告內容與開場須知影片，同時也會對現場送出聲音（將電腦的聲音輸出給音控）。

▫ 筆記型電腦 Subtitles Laptop 為演出時須上的歌詞或字幕。

▫ MVR 為 VJ 用來監看各個輸出與未輸出的預覽螢幕，主要用來檢查即將要播出的畫面或正在播放的畫面有沒有問題；Preview 的螢幕為提供給上字幕的工作人員方便監看畫面有無問題。

▫ EPF PGM 和 CAM1 為現場的攝影機，拍攝的畫面會傳到 MIXER 分配，輸出給影像擷取器，再送到筆記型電腦裡作為素材或直接播放。

活動配置圖❸──現場控台實景

　　控台為VJ們執行任務的地方，除了會根據每場需求而調整位置外，也會根據現場的情況進行位置設置。有時候即使已經確定，也設定好位置，也有可能因突發狀況，做出大幅度調整。

　　例如：擺放完位置後，導演組需要移動兩個位置到視訊組旁邊才方便作業，但視訊組旁只能再容納一位。在這種情況下，控台會再次進行位置的調整，讓導演組的兩位人員能坐在該位置外，視訊組也能將器材放置完整，將雙方都調整出適當的位置，讓現場能順利進行。

◀現場控台圖，每次現場的位置都
　會不相同。

❶ 預覽螢幕（監看所有器材送出的影像）。

❷ 活動控制器。

❸ 混音控制器。

❹ VJ的筆記型電腦。

❺ 中間螢幕。

❻ 左、右方螢幕。

❼ 左、右方較小螢幕。

為什麼在控台不常發現我們的行蹤，要找我們時，
卻發現大家好像看起來都一樣？

〉〉

現場的工作人員為了「完整的藏在幕後」，通常穿著黑衣、黑褲、黑襪和黑鞋，為「黑衣人」的狀態。

控台和舞台邊的工作人員，以及場邊的工讀生，都會穿著暗色系的服裝；即使有活動制服，也會以黑色為主要設計；如果要戴帽子，也會是黑色的。

這樣做有幾個原因：❶統一色調，保持整體的一致性；❷避免在舞台邊跑動時對視覺產生干擾，且有時控台位置在觀眾席中間，如果穿著白衣就會非常明顯。

也因為這一身黑衣、黑褲，朋友看到我時，都會打趣的問：「你們這樣一群人半夜走在路上，很像黑幫圍事，你確定你不是去鬧事的？」

註
7 FPS：幀率（Frame Per Second），指每秒由60張靜態的畫面連續播放所組成。

03 影像切換器介紹

INTRODUCTION TO VIDEO SWITCHER

影像切換器除了能設定多台投影或與大型LED屏幕等混合配置使用，也可用來切換現場的螢幕頻道畫面，常用於音樂會、頒獎典禮、發表會、電視台直播等大型活動上。

機台上面的按鈕可根據個人需求，以及工作流程進行編輯，設定成自己習慣的快捷鍵，以讓操作能更有效率及便利。

影像切換器有很多牌子與種類，而Barco雖有不同型號和規格的控制器，但在官方網站中，都有提供User Guide（用戶指南）及模擬器，讓使用者能在電腦上模擬現場狀況並進行練習，以確保在現場能熟悉軟體操作，順利執行活動。

因我比較常接觸Barco系列，所以以下將使用「Barco EC-200 Controller」為說明機型，做簡易的介面介紹。

聊那些
ＶＪ的瓜內事

　　若真的到現場時，發現機台不是你習慣或認識的，也可以請大哥、大姊幫你設定，只要基本概念和邏輯是對的，到其他機台設定時，其實也不會有太大的問題。

　　況且，現場大哥、大姊也會很貼心提醒你，他們的機台能力到哪，會陪伴你到活動結束為止。

❶ Script Light：左、右兩側各有兩條照明燈。
❷ Touch Screen：觸控螢幕面板。
❸ Left Side/Playback：左邊。
❹ Right Side/Programming：右邊。

Left Side/Playback：左邊

❶ Destinations：可設定按鈕要連接的目的地。
❷ Layers：在正常模式下，該按鈕會選擇預覽中的圖層，或是添加圖層。
❸ Assign：可在此分配自己慣用的 Preset、User Key、Source，這三個項目。
❹ Arrow buttons：根據箭頭方向，選擇上下頁。
❺ Layerfunction Buttons：針對圖層的使用功能。
❻ Contextual Display Buttons：根據需求，可任意設定自己的快捷鍵。
❼ Cut & All Trans：推桿的 Cut 快捷鍵，以及設定好的秒數畫面，可切換淡入、淡出的快捷鍵。

Right Side/Programming：右邊

❶ System Function：一組設定好的系統快捷鍵，方便儲存與調整。

❷ Direct Select：一組設定好的快捷鍵，選取方便，包含清除和抓定格。

❸ Syntax Function：一組設定好的編程快捷鍵，方便選取與修改。

❹ Num Pad：數字鍵與上下頁。

❺ Contextual Display Buttons：自定義按鍵。

❻ T-Bar：拉桿，切換畫面使用。

❼ Trackball with Encoder ring：球型控制器，可以指引方向與調整圖層。

❽ Rotary encoders「Wheels」：用來調整 Hpos、Vpos 和 Size 的功能。

❾ Arrow Keys：方向鍵。

❿ Live Functions：解鎖並可編輯，現場畫面並切換成此選項。

⓫ T-Bar Disable：停止拉桿功能。

⓬ Save All：儲存系統設定。

⓭ Panel Lock：禁用按鈕，且預設密碼為 4096。

⓮ Keyboard：呼叫出虛擬鍵盤。

⓯ All Trans：設定好的秒數畫面，可切換淡入、淡出的快捷鍵。

⓰ Barco Eye：作為 Alt 或 FN 按鍵。

Touch screen：觸控螢幕面

❶ Menu navigation bar：選單導覽欄，操作時所須的頁面切換，以及底下兩個工具按鈕。

❷ Title bar：標題欄，顯示所選的頁面名稱。

❸ Selection area：選取區，選擇將使用的系統、設備進行輸入。

❹ Diagram area：工作區，在中間區域，用來配置系統、多屏幕，並以圖形方式呈現。

❺ Modifier area：編輯區，針對區域❷做修改。

❻ Configuration area：配置區，調整執行中所須的項目。

COLUMN 01

選單導覽欄介紹

❶ System Configuration：系統配置。

❷ Programming：編輯編程內容。

❸ Multiviewer：監控螢幕排版。

❹ Controller：按鍵控制配置。

❺ Setting：設定。

「⚙」System Configuration：系統配置

❶ Network resource area **系統圖表區**

該區域可接收的3種網路來源資訊，如下：目前使用中的系統設備、使用區域網路中的設備、模擬設備。

❷ System diagram area **系統圖表區**

左上角可切換詳細內容與系統兩種方式。在這裡可添加，或刪除設備到選定的系統，並且修改它們的參數，配置好需要的版面。

◆ 白色，沒有被配置到，跟探測到。

◆ 黃色，指沒有被配置到，但卻有接收到。

◆ 綠色，指有被分配到，又接到對的訊號。

◆ 紅色，指位置分配到了，卻沒有接通。

接下來可在❹的位置調整需求，在❶的地方檢查配置訊號等，是否呈現預期效果。

❸ System modifier area **系統編輯區**

該區域顯示系統信息，可查看不同的系統內容，並附有一些工作區的相關工具。

❹ Adjustment area **系統圖表區**

面板顯示各項的細項調整。

❺ Bottom bar 底部欄位

可切換不同視窗，最多2個。

「✐」Programming：編輯編程內容

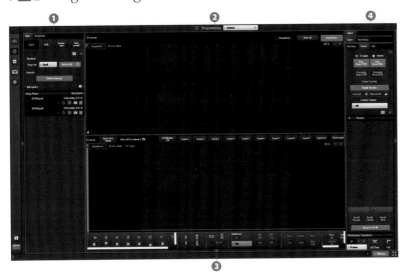

❶ Resources area：顯示可用的輸入訊號來源。

❷ Workspace / Programming Diagram area：提供 Preview（預覽）和 Program（輸出畫面），還有圖層可編排。

❸ Workspace / System wide function：提供圖層對齊功能，以及控制屏幕大小的功能。

❹ Adjustment area：提供該區域的調整，以及設定個人偏好數值模式。

「▦」Multiviewer：監控螢幕排版

通常在使用這樣的設備時，前面都會架上1～2個螢幕，方便我們監看所有的訊號內容，以及在該區域能編排在監控螢幕上的內容。

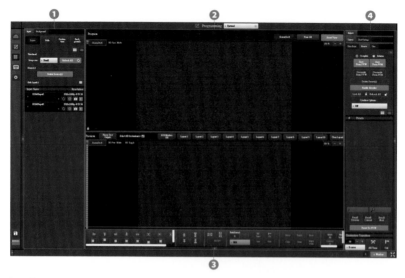

❶ Resources area：顯示可用的輸入訊號來源。

❷ Multiviewer Layout area：編排監控螢幕的工作區。

❸ Modifier area：提供對齊功能與控管多畫面輸出。

❹ Adjustment area ：調整每個 PIP 視窗的顏色與大小。

「⌨」Controller：按鍵控制配置

　　將配置好的來源項目，一個個放進自己習慣的位置，就可以在控制台的按鈕上操控，最後也別忘記要存檔，否則以上的作業就須重新進行一次。

❶ Resources：顯示可用的資料來源。

❷ Virtual console：在虛擬控制台編輯的東西，會出現在控制台上的對應位置。

❸ Console Representation Selection：虛擬控制台的切換。

❹ Delete Mapping button：刪除此按鈕的設定。

「✿」Setting：設定

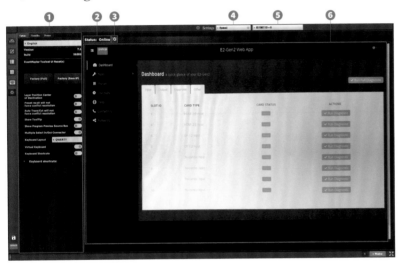

❶ Options：關於本機的設定選項。

❷ Status：顯示目前狀態。

❸ Refresh Web app area button：重新整理頁面。

❹ System select combo box：用戶目前選擇使用的是哪個系統。

❺ Device select combo box：用戶目前系統選擇使用的是哪個設備。

❻ Web app area：顯示主要工作區位於哪個選項。

VJ與LED屏幕

VJ AND LED SCREEN

VJ最常使用LED屏幕,除了一般屏幕和電視機外,還有LED透明屏,以下說明。

Section 01

LED(Light-emitting diode)

為發光二極體的簡稱。是一種半導體,有電通過就會發光,且根據不同的材料和製程,會發出不同顏色的光。

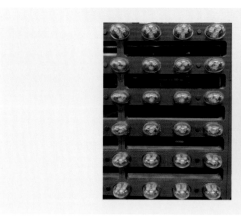

- 發光顏色:目前紅光、綠光、藍光被廣泛應用。白光的LED是透過混合紅、綠、藍三種基本色光而成,為「色光三原色原理」。
- 優點:體積小、耗電低、壽命較傳統電燈長外,也比傳統電燈耐撞擊,有較好的抗震性能,適用於各種環境。

◢ **應用範圍**：路燈、指示燈、手電筒、閃光燈、緊急照明等，已普及並廣泛
應用於周遭的環境。

除了照明應用外，LED屏幕也廣泛應用於活動舞台背景和實況轉播的螢幕
上。最常見的是「塊狀LED模組單元板」，尺寸大小因各廠商生產的LED模組單
元板而有差異，例如，正方形、長方形。

而弧形、曲面、環形、球形，或不規則形等特殊形狀的屏幕，除了須特別訂
製外，價格也會偏高。

LED 透明屏

LED透明屏，最大賣點在「透明度」，除了能顯示「視訊內容」和「屏幕背
後的物體」外，兩者也能相互結合運用。

◢ **優點**：擁有輕、薄、易於安裝的特性，讓它常出現在大型商場櫥窗、大樓
外牆玻璃、表演舞台等。因「透明度」的特性，在展示時，既能透過屏幕看
到內部情形，又可美化外觀做宣傳，是一種技術上的突破，也是作為科技
不斷發展的創新指標。

而目前LED透明屏的透明度已達到70%以上，在白天播放，也幾乎不影響
玻璃幕牆的通透性與採光，還能去除不必要的背景；或將背景設置為黑色，
僅顯示欲表達的內容物，此設置在室內也可看到戶外景色，能與建築物完
美結合。

◢ **應用範圍**：商業大樓常設置LED透明屏在大樓外，因在白天，能讓路人透過
建築物看到室內；晚上，就用來播放廣告內容，達到宣傳和營銷效果。

或像Eric Prydz的舞台前方，就是一整片的LED透明屏，藉由播放視訊動畫，
帶動現場氣氛，雖然簡單，但畫面呈現效果非常棒。

幾種常見的LED透明屏

◆ LED 貼膜屏

在原有玻璃上貼薄膜，既不占空間，也不需要鋼架結構，且適用於曲面玻璃。

◆ LED 格柵屏

以燈條組成的，主用於戶外牆面的顯示。

▨ 優點：易拆裝，且負荷風壓和防水力較強。

▨ 應用範圍：戶外舞台、戶外演唱會。

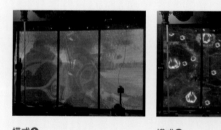 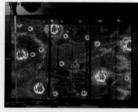 

模式❶
全滿，看不到屏幕後面。

模式❷
半透明，看得到屏幕後面。

模式❸
燈關閉。

◆ LED 玻璃屏

透過導電技術，將LED結構層固定在兩層玻璃間，為一種高亮度顯示面板。所以無法安裝在現有的玻璃上，也不支援曲線結構。

▨ 優點：高亮度、高對比度、節能省電、長壽命等優勢。在玻璃表面能顯示清晰、生動的視訊內容，同時保持玻璃的透明度，提供視覺上的吸引力。

▣ 應用範圍：建築物的外牆、櫥窗、展示櫃等場所，常用於展示廣告、訊息、視訊內容等。

特色產品

◆ 3D 風扇全息投影

透過一列或多列 LED 密集排列，並經由高速旋轉的方式，逐步形成連續、完整的圖像，呈現上具有高度立體感，以及逼真的視覺效果。

▣ 優點：能運用多台 3D 風扇全息投影裝置，進行拼接並形成更大的影像外，不須佩戴任何特殊的眼鏡或配件，即可體驗到 3D 立體效果。

此外，也有類似的產品，例如，旗子或長棍等，當揮動旗子、轉動棍子時，會產生影像，為表演帶來更豐富的視覺效果。

▣ 應用範圍：演唱會、展覽、商業宣傳等活動。

▲ 3D 風扇全息投影
示意影片 QRcode

單位P是什麼？

在現場或是活動規劃時，常會聽到那片LED需要用P幾的？或是這次活動用的是P8的LED，P指的是什麼？數字又指的是什麼？

像素為影像顯示的基本單位（Pixel）。而在LED屏幕的規格中，P代表Pixel Pitch（點距），又稱像素間距，以毫米（mm）為單位，指兩個相鄰的燈珠，從上一個燈珠中心到下一個燈珠中心的距離。

數字則為「Pixel Pitch的具體值」，例如，P3、P4、P5、P6、P8等。數字越小，代表燈珠的間距越小、越密集，顯示出的細節更細膩，清晰度也會更高，因需要更多LED燈珠，所以價格相對也會較高。

在選擇LED屏幕時，P值是重要的參考指標，我們須根據使用的場景和需求，選擇適合的P值，以達到想呈現的視覺效果。

P值高／低	說明	適用場景
高↑	燈珠間距小，顯示細節、清晰度高。	需要高清晰及展示細節的場合。
低↓	燈珠間距大，顯示細節、清晰度越粗。	觀眾與屏幕距離較遠，且在遠處能立即看到。

為什麼VJ需要知道這些資訊？

因每款LED屏幕都有各自的規格，而每一顆可被控制的發光單元稱為「像素」，所以我們須計算「需要多少的解析度才符合這塊模組」，以及「素材要出到多大的尺寸，畫面才不會糊掉」。

▲單元板。

因此，除了要知道「一塊模組單元板尺寸」外，還須知道現場的LED屏幕是由幾塊模組單元板拼湊而成，知道尺寸後就能先自行演算，以免素材的解析度或尺寸不夠，產生畫面模糊的情況。

以下提供範例純屬練習用，非適用於每一場。

範例1 ⋯⋯⋯⋯⋯⋯⋯⋯⋯⋯⋯⋯⋯⋯⋯⋯⋯⋯⋯⋯⋯⋯⋯⋯⋯⋯⋯⋯⋯⋯⋯⋯⋯⋯

一塊LED模組單元板為50cm×50cm的P5，請問需要多少解析度（以下練習P5，取整數間距為5mm，方便計算）？

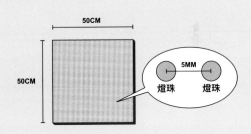

◆ 算法

50cm=500mm

500mm ／ 5mm=100（一塊模組單元板的像素）

影像尺寸最少須100×100（Pixel）

範例2 ⋯⋯⋯⋯⋯⋯⋯⋯⋯⋯⋯⋯⋯⋯⋯⋯⋯⋯⋯⋯⋯⋯⋯⋯⋯⋯⋯⋯⋯⋯⋯⋯⋯⋯

一塊LED模組單元板為50cm×50cm的P5，LED總長為300cm×600cm，請問需要多少解析度（以下練習P5，取整數間距為5mm，方便計算）？

◆ 算法

❶ 一塊模組單元板的像素

50cm=500mm

500mm ／ 5mm=100

❷ 計算長、寬各須模組

300cm ／ 50cm=6（長邊須6塊模組單元板）

600cm ／ 50cm=12（寬邊須12塊模組單元板）

❸ 計算所須解析度

長：100×6=600

寬：100×12=1200

影像尺寸最少須600×1200（Pixel）

範例3

　　LED總尺寸為長 3600 cm × 高 1200cm，一塊LED模組單元板為 80cm×80cm 的 P2.5，請問需要多少解析度（以下練習 P2.5 間距為 2.5mm，方便計算）？

◆ 算法

　❶ 一塊模組單元板的像素

　　80cm=800mm

　　800mm／2.5mm=320

　❷ 計算長、寬各須模組

　　3600cm／80cm=45（長邊須45塊模組單元板）

　　1200cm／80cm=15（高邊須15塊模組單元板）

　❸ 計算所須解析度

　　長：320×45=14400

　　高：320×15=4800

　　影像尺寸最少須14400×4800（Pixel）

範例4

　　LED總尺寸為長 320m × 高 240m，一塊LED模組單元板為 50cm× 50cm 的 P10，請問需要多少解析度（以下練習 P10 取整數間距為 10mm，方便計算）？

◆ 算法

　❶ 一塊模組單元板的像素

　　50cm=500mm

　　500mm／10mm=50

　❷ 計算長、寬各須模組

　　320m=32000cm

　　240m=24000 cm

　　32000cm／50cm=640（長邊須640塊模組單元板）

　　24000cm／50cm=480（高邊須480塊模組單元板）

❸ 計算所須解析度

長：50×640＝32000

高：50×480＝24000

影像尺寸最少須32000×24000（Pixel）

範例5 ....

　　左LED總尺寸為長300cm×高180cm；中間LED總尺寸為長1200cm×高200cm；右LED總尺寸為長375cm×高180cm。

　　左、右的LED模組單元板為75cm×75cm的P5；中間LED模組單元板為50cm×50cm的P2.5；請問總畫布需要多少解析度（以下練習P5，取整數間距為5mm；P2.5間距為2.5mm，方便計算）？

◆ 算法

　左邊

❶ 一塊模組單元板的像素

750mm／5mm＝150

❷ 計算長、寬各須模組

300cm／75cm＝4（長邊須4塊模組單元板）

180cm／75cm＝2.4（高邊須2.4塊模組單元板）

❸ 計算所須解析度

左長：4×150＝600

左高：2.4×150＝360

　中間

❶ 一塊模組單元板的像素

500mm／2.5mm＝200

❷ 計算長、寬各須模組

1200cm／50cm＝24（長邊須24塊模組單元板）

200cm／50cm＝4（高邊須4塊模組單元板）

❸ 計算所須解析度

　　長： 24×200 ＝ 4800

　　高： 4×200 ＝ 800

右邊

❶ 一塊模組單元板的像素

　　750mm ／ 5mm ＝ 150

❷ 計算長、寬各須模組

　　375cm ／ 75cm ＝ 5（長邊須5塊模組單元板）

　　180cm ／ 75cm ＝ 2.4（高邊須2.4塊模組單元板）

❸ 計算所須解析度

　　右長： 5×150 ＝ 750

　　右高： 2.4×150 ＝ 360

總長

總長：左600＋中4800＋右750 ＝ 6150

總寬：左360＋中800＋右360 ＝ 1520

影像尺寸最少須6150×1520（Pixel）

　　　因為每家出廠的LED尺寸都不相同，例如，P3間距不是3mm而是3.91 mm；P2在不同家廠商間距也不同，可能是2.6mm或2.9mm。

　　　所以我們會先詢問正確的尺寸，並待演算完後，再和廠商確認目前出的尺寸是否過大或太小，或是請廠商直接提供我們相對應的尺寸大小，才不會到最後發現作圖尺寸不夠大，再進行補救。

認識投影

UNDERSTANDING PROJECTION

在舞台上，除了LED屏幕外，投影也是常見的設備。

投影在暗處表現良好，但在光線充足的環境下，特別是在有陽光或燈光的地方，很容易看不清投影的影像，尤其當投影機的亮度不足時，影像可能會變得模糊不清。這也是電影院會保持場地黑暗、無光源的原因。

但隨著科技的進步，投影機的種類也變得多樣化。有家用投影機、商用高規格投影機等。近年來，越來越多互動活動場合選擇使用投影機，例如，TeamLab的展覽，進入展覽場地後，整個空間都是利用投影呈現的世界。

此外，投影的方式也有幾種常見的形式，以下說明。

Section 01

正向投影、背向投影

正投

投影機和觀眾在同一方向，投影到布幕上產生影像讓觀眾看到。

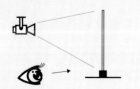

背投

投影機在布幕後面，以和觀眾互視的方向，將影像投射在布幕上讓觀眾看到。

網紗投影（Projection Gauze）

運用具有通透性的網紗，可使網紗後的景物顯現出來。

在投影時，通常會與後方的表演元素結合，從布幕的後方，向人或物投射光線，以顯現隱藏在布幕後方的景物；而在布幕的前方投影，越暗的影像投影越清晰，而受光擾的投影影像則會淡掉。

運用這樣視覺特效，就能疊加在表演者身上，例如，舞者可以揮動著粒子般的水流；被雨淋、被火燒等，效果比直接投影在牆上更為立體。

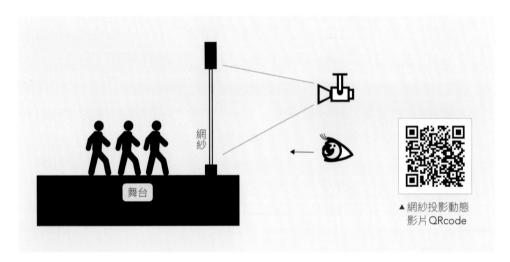

▲ 網紗投影動態影片 QRcode

聊那些 ∨J的瓜內事

華航2015年的新裝發表走秀，就運用網紗投影進行演出。透過拍攝歷屆空姐服裝，並在做好不同姿勢時先錄影，最後，後製加工做成一段「夢幻且隨著時代轉變服裝」的開場動畫。

演出開始時，先播放歷屆空姐服裝走秀的動畫，中間穿插真人演出，最後再將網紗掉落收走，進入新裝走秀，這樣演出不僅多了層次感，也為整個表演帶來了獨特的視覺效果。

光雕（立體光雕）投影（Projection Mapping）

為一種可以投影在不規則物體上的技術，讓影像依據物體的形狀投放。

常見於投影在建築或是燈會上的雕像，例如，台北白晝之夜、台中歌劇院、高雄衛武營等都使用過外，在珍妮佛‧羅培茲的演唱會中也使用光雕投影映射，將浪漫的動畫，投影在她的裙子上。

而隨著科技的進步，即使是在複雜的曲面上，也能輕鬆實現光雕投影，例如，新車發表會上將內部零件投影在汽車外觀上，進行分解說明，讓發表會更加的活潑生動。而光雕投影不僅在廣告宣傳中被廣泛應用，在舞台戲劇和藝術領域上也頗受歡迎。

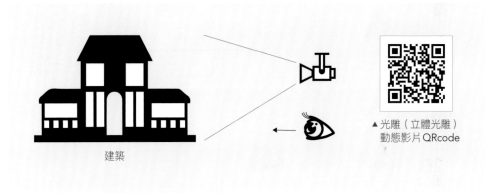

建築

▲ 光雕（立體光雕）
動態影片 QRcode

聊那些
VJ的圈內事

　　我第一次看到光雕投影，並深受感動是在澳洲雪梨，跟著大家一起過聖誕節和跨年。那天晚上整條街道布滿光雕，不僅有聖誕樹而已，連教堂外牆也投放著滿滿的藝術創作。除了聖誕老人爬牆外，還有創意動畫短片，結合聲光和音樂，我看得目不轉睛。因為展區很大，我走了好幾條街，腳超痠，但仍意猶未盡，累了就坐在建築物空地前，我甚至心想，是否要在這裡度過一整個晚上，欣賞到天亮再回去睡覺，因為我不想錯過每一段影片。

浮空投影（Holographic）

　　也稱全息投影，是一種利用玻璃或壓克力板的技術，讓適當的環境光線透過物體反射至玻璃（或壓克力）上，並運用鏡像反射的原理，讓觀眾在視覺上彷彿透過玻璃（或壓克力）看到影像。這是一種光學幻象，被稱為佩珀爾幻象（Pepper's ghost），在舞台或是魔術表演上也使用過此技巧（如圖1）。

　　另一種浮空投影技術，是將物體的前後左右影像播放在螢幕上，並在上方放置一個梯形的立體壓克力板，藉此來反射螢幕上的影像，讓觀眾能看到3D影像動畫漂浮在梯狀物中（如圖2）。

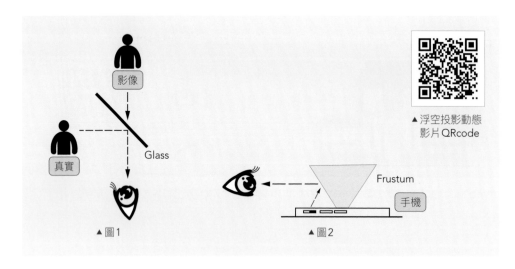

▲ 浮空投影動態影片 QRcode

▲ 圖1　　　　　　▲ 圖2

聊那些 VJ的瓜內事

　　浮空投影不僅能展現漂浮的3D物件，還能讓虛擬歌手像真實人物一樣站在舞台上唱歌。

　　動畫角色《初音未來》出現在舞台上，讓觀眾驚嘆不已，她不像紙片人，而是以立體的形態出現，彷彿走出螢幕的虛擬人物。

即使有些人不認識《初音未來》，但對於周杰倫的演唱會可能更加熟悉，他曾與鄧麗君在舞台上合唱，看起來就好像她還在一樣；在金曲獎上的表演中，也曾重現鳳飛飛的影像，不知感動了多少人。

這項技術不知道復活了多少位巨星，包含貓王和麥克傑克森，都曾再次復活登上舞台活躍，讓大家回憶瞬間湧上心頭。

Section 05
水幕投影（Water Projection）

為利用水幕作為投影屏幕的投影技術，一般所說的水幕都是像水簾一樣，原本是用來淨化空氣，阻隔易燃、易爆，或是有害的氣體，例如，阻擋火災和煙氣的瀰漫。

◆ 水幕投影

一種利用特製噴頭和高壓水泵產生水簾效果，再將投影打至上面的投影方式。

透過由下往上噴射高速的水流，在空中形成像一片透明水膜的螢幕，再將投影或雷射打在上面，產生的立體效果。

聊那些 VJ的瓜內事

我第一次看到水幕投影，是在迪士尼樂園裡面的晚場秀，進行噴水秀時突然出現米奇秀魔法，燈光和煙火一起施放，非常華麗夢幻，場面之大，氣勢又磅礴，令人目不轉睛。

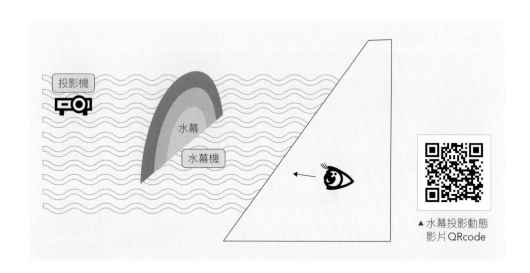

▲ 水幕投影動態
影片 QRcode

♦ 水霧投影

跟水幕投影很像。水霧投影是利用水和空氣生成的霧氣來進行投影。

適合在無風、光線較弱的環境下使用,例如,室內商場、活動現場等。人們可以穿梭在水霧中,而不影響投影畫面,有種氣派登場的感覺。

這兩種投影方式都利用了水的特性來創造獨特的視覺效果,為各種場合和活動增添了豐富的表演元素。

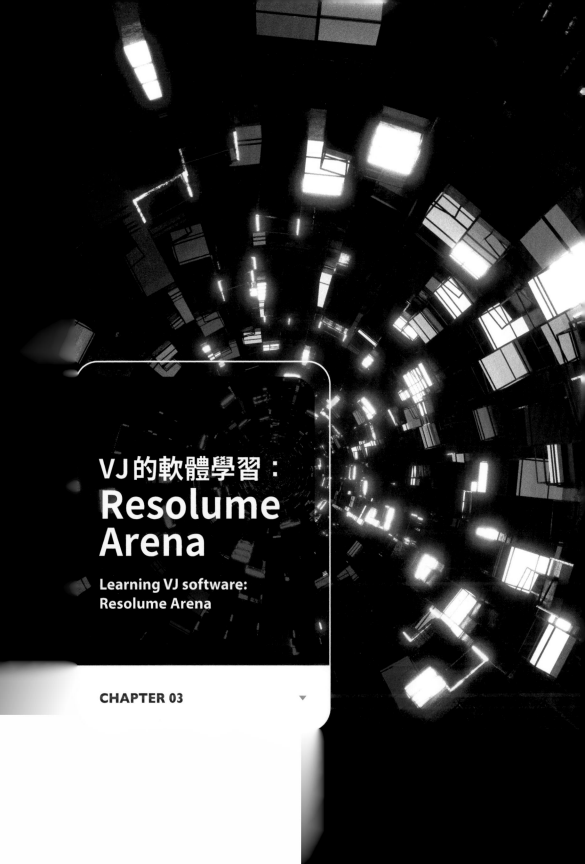

VJ 的軟體學習：
Resolume
Arena

Learning VJ software:
Resolume Arena

CHAPTER 03

⓪1 Arena 介面介紹

Arena 是一套介面乾淨、操作不複雜、容易上手的 VJ 軟體，這幾年常在各個派對或音樂節現場被 VJ 使用。

Arena 可直接從官網上下載免費試用版，且試用版能使用的功能與付費版完全相同，但在使用過程中，以及播放影音時會出現浮水印。

▲ Resolume 官網 QRcode

而 Arena 的介面可大致分為七個區塊，以下分別進行說明。

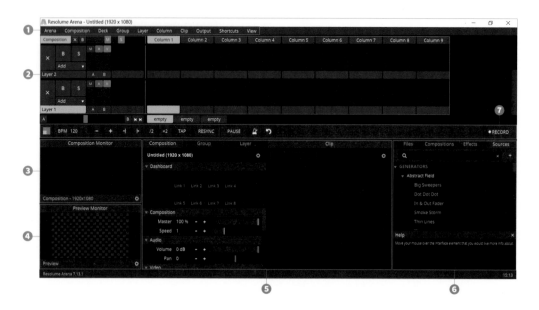

104

❶ 菜單，說明請參考 P.105。

❷ 作品/合成，說明請參考 P.118。

❸ 輸出畫面，說明請參考 P.119。

❹ 預覽畫面，說明請參考 P.120。

❺ 編輯區，說明請參考 P.120。

❻ 檔案及特效資料，說明請參考 P.121。

❼ 中間工具列，說明請參考 P.122。

Section 01 菜單

Arena的菜單位於介面最上方，以下分別針對各選項進行簡介，讓使用者大致了解每個選項包含的功能。

❶ 點擊「Arena」後的畫面及說明，請參考 P.106。

❷ 點擊「Composition（作品/合成）」後的畫面及說明，請參考 P.107。

❸ 點擊「Deck（疊/頁面標籤）」後的畫面及說明，請參考 P.108。

❹ 點擊「Group（群組）」後的畫面及說明，請參考 P.109。

❺ 點擊「Layer（圖層）」後的畫面及說明，請參考 P.110。

❻ 點擊「Column（列/欄位）」後的畫面及說明，請參考 P.112。

❼ 點擊「Clip（片段）」後的畫面及說明，請參考 P.113。

❽ 點擊「Output（輸出）」後的畫面及說明，請參考 P.115。

❾ 點擊「Shortcuts（捷徑）」後的畫面及說明，請參考 P.116。

❿ 點擊「View（檢視）」後的畫面及說明，請參考 P.117。

點擊「Arena」後的畫面及說明

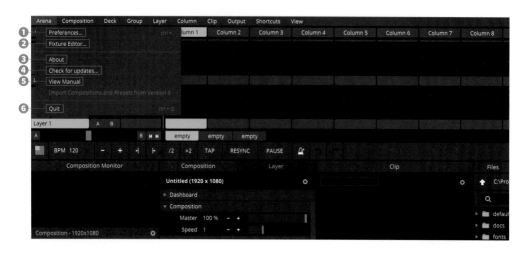

❶ Preferences〈偏好〉：點擊後，會出現視窗，並可在此進行關於影像、聲音、
MIDI、OSC、DMX 等輸入及輸出裝置的設定、回饋意見給官方、註冊購
買的序號等。

❷ Fixture Editor〈光源編輯器〉：點擊後，會出現視窗，並可在此進行關於燈具
的設定，通常是 VJ 有外接 LED 燈條時才會使用到此設定。

❸ About〈關於〉：點擊後，會出現視窗，且視窗上會呈現關於此軟體的訊息；
而再次點擊視窗後，視窗就會消失。

❹ Check for updates〈檢查更新〉：點擊後，跳出的視窗會呈現目前 Arena 軟體
是否有新版本可更新。

❺ View Manual〈檢視手冊〉：點擊後，會自動跳轉至 Resolume 的官網。

❻ Quit〈退出〉：點擊後，會出現視窗，並可選擇直接關閉 Arena 軟體或先存檔
後再關閉。

點擊「Composition」後的畫面及說明

❶ Composition〈作品/合成〉的標題名稱：此處會顯示當下正在進行的 Composition（作品/合成）的標題名稱，使用者可自行命名。

❷ New〈新建/新增〉：點擊後，會出現視窗，可新增一個全新的 Composition（作品/合成）。

❸ Open〈開啟〉：點擊後，會出現視窗，可開啟已儲存的 Arena 檔案。

❹ Open Recent〈開啟最近/最近開啟〉：點擊後，會出現視窗，可開啟最近幾次操作的 Arena 檔案。

❺ Save〈儲存〉：點擊後，會將目前操作的 Arena 存檔一次。

❻ Save As〈另存為〉：點擊後，會出現視窗，可將目前操作的 Arena，另外存成一個新檔案。

❼ Media Manager〈媒體管理器〉：點擊後，會出現視窗，可查看目前專案中存有的檔案，以及檔案所在的位置。

❽ Beat Snap〈節拍捕捉〉：點擊後，可設定切換素材的固定節拍間隔，並在播放後，確保素材會在正確的拍點上開始播放。

❾ Clip Target〈片段目標〉：當有很多影片要播放時，點擊此按鈕後，可選擇指定影片在當前使用的圖層中播放，在現場表演時能較方便操作。

❿ Clip Trigger Style〈片段觸發樣式〉：又稱為鋼琴模式，可將軟體 UI 設定在鍵盤或控制器後，再播放時透過按住按鍵的時間長短，來控制已播放的影片。

⓫ Settings〈設定〉：點擊後，會出現視窗，可進行 Composition（作品/合成）的重新命名、Composition（作品/合成）的畫面尺寸大小等設定。

點擊「Deck」後的畫面及說明

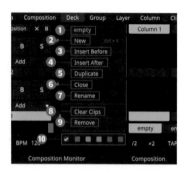

❶ Deck〈疊／頁面標籤〉的名稱：此處會顯示當下正在進行的Deck（疊／頁面標籤）的名稱，使用者可自行命名。

❷ New〈新建／新增〉：點擊後，會出現視窗，可新增一個新的Deck（疊／頁面標籤）。

❸ Insert Before〈在之前插入〉：點擊後，會在目前選取的Deck（疊／頁面標籤）之前插入一個新的Deck（疊／頁面標籤）。

❹ Insert After〈在之後插入〉：點擊後，會在目前選取的Deck（疊／頁面標籤）之後插入一個新的Deck（疊／頁面標籤）。

❺ Duplicate〈複製〉：點擊後，會複製出另一個目前選取的Deck（疊／頁面標籤）。

❻ Close〈關閉〉：點擊後，會關閉目前選取的Deck（疊／頁面標籤），但播放畫面會停留在Deck（疊／頁面標籤）中的最後點擊影片片段，只是先前的Deck（疊／頁面標籤）已被刪除。

❼ Rename〈重新命名〉：點擊後，可將目前選取的Deck（疊／頁面標籤）重新命名。

❽ Clear Clips〈清除片段〉：點擊後，會將目前選取的Deck（疊／頁面標籤）中，所有的Clip（片段）清除。

❾ Remove〈刪除〉：點擊後會刪除目前選取的Deck（疊／頁面標籤），即使Deck（疊／頁面標籤）中有正在播放的影片片段，也會一起被刪去，而不會停留在播放畫面中繼續播放。

❿ Deck〈疊／頁面標籤〉的顏色：點擊選擇的顏色後，會使目前選取的Deck（疊／頁面標籤）改變顏色。

點擊「Group」後的畫面及說明

須先新增至少一個Group後，下拉式選
單中的選項才會變成可選擇狀態；關於新增
Group的步驟，請參考P.198。

❶ Group〈群組〉的名稱：此處會顯示當下正
在進行的 Group（群組）的名稱，使用者可
自行命名。

❷ New〈新建/新增〉：點擊後，可在目前選取
的Layer（圖層）新增一個新的Group（群組）。

❸ Insert Above〈在上方插入〉：點擊後，會
在目前選取的 Group（群組）上方，插入一
個新的 Group（群組）。

❹ Insert Below〈在下方插入〉：點擊後，會在目前選取的 Group（群組）下方，
插入一個新的 Group（群組）。

❺ Duplicate〈複製〉：點擊後，會複製出另一個目前選取的 Group（群組）。

❻ Rename〈重新命名〉：點擊後，可將目前選取的 Group（群組）重新命名。

❼ Fold〈折疊〉：點擊後，可將目前選取的 Group（群組）折疊、收合起來。

❽ Clear Clips〈清除片段〉：點擊後，會將目前選取的 Group（群組）中，所有
的 Clip（片段）清除。

❾ Remove Group keep Layers〈刪除群組保留圖層〉：點擊後，會將目前選取
的 Group（群組）刪除，但會保留 Group（群組）中的 Layer（圖層）。

❿ Remove Group and Layers〈刪除群組和圖層〉：點擊後，會將目前選取的
Group（群組）刪除，且 Group（群組）中的 Layer（圖層）也會一併被刪除。

⓫ Add Layer〈新增圖層〉：點擊後，會在目前選取的 Group（群組）中新增
Layer（圖層）。

⓬ Ignore Column Trigger〈忽略列觸發器/忽略欄位觸發器〉：點擊後，會使
目前選取的 Group（群組），在輸出畫面時，不會受到列觸發器/欄位觸發
器的控制。

⑬ Lock Content〈鎖定內容〉：點擊後，會將目前選取的Group（群組）鎖定，而被鎖定群組中的片段，就無法播放至輸出畫面，但仍可以做內容的編輯和調整，主要用於避免表演時按錯，而不小心播出其他素材內容。

⑭ Group〈群組〉的顏色：點擊選擇的顏色後，會使目前選取的Group（群組）改變顏色。

點擊「Layer」後的畫面及說明

❶ Layer〈圖層〉的名稱：此處會顯示當下正在進行的Layer（圖層）的名稱，使用者可自行命名。

❷ New〈新建/新增〉：點擊後，可新增一個全新的Layer（圖層）。

❸ Insert Above〈在上方插入〉：點擊後，會在目前選取的Layer（圖層）上方，插入一個新的Layer（圖層）。

❹ Insert Below〈在下方插入〉：點擊後，會在目前選取的Layer（圖層）下方，插入一個新的Layer（圖層）。

❺ Duplicate〈複製〉：點擊後，會複製出另一個目前選取的Layer（圖層）。

❻ Rename〈重新命名〉：點擊後，可將目前選取的Layer（圖層）重新命名。

❼ Fold〈折疊〉：點擊後，可將目前選取的Layer（圖層）折疊、收合起來。

❽ Clear Clips〈清除片段〉：點擊後，會將目前選取的Layer（圖層）中，所有的Clip（片段）清除。

❾ Remove〈刪除〉：點擊後會刪除目前選取的Layer（圖層）。

❿ Group〈群組〉：點擊後，會在目前選取的Layer（圖層）上，新增一個新的Group（群組）。

⓫ Ignore Column Trigger〈忽略列觸發器／忽略欄位觸發器〉：點擊後，當使用者執行（播放）某一條Column時，若再去按其他的Column（列／欄位），則「再去按其他的Column（列／欄位）」的這項操作會被忽略，不會被執行。

⓬ Trigger first clip on load〈載入時觸發第一個片段〉：點擊後，可開啟或關閉此選項；指若先點選一個Layer（圖層），再開啟此選項，代表下次開啟Arena軟體時，軟體會自動播放該圖層的第一個Clip（片段）。【註：當此選項旁標有一個綠色圓點，則表示有開啟。】

⓭ Fader Start〈衰減器啟動〉：若開啟此選項，並在影片播放的過程中，來回拉動「▌」，使畫面消失後又再次亮起，此時影片會從頭開始播放；若關閉此選項，並在影片播放的過程中，來回拉動「▌」，使畫面消失後又再次亮起，此時影片並不會從頭開始播放，而是會依照原本的播放進度繼續播放。【註：當此選項旁標有一個綠色圓點，則表示有開啟；通常都是開啟的狀態。】

⓮ Mask Mode〈蒙版模式／遮罩模式〉：可將選定的Layer（圖層）設定成遮罩模式，指圖層影像的白色部分會變成透明（因此畫面會露出下方圖層的影像），而黑色部分會變成不透明（因此畫面會遮住下方圖層的影像，並呈現黑色）。
　① 點擊「Mask Mode」中的「Disable」，代表沒有使用任何遮罩模式。
　② 點擊「Mask Mode」中的「One Below」，代表遮罩只會影響到下一個圖層的影像（其他更下層的圖層不受影響）。
　③ 點擊「Mask Mode」中的「All Below」，代表只要位於遮罩模式圖層下的所有圖層，都會受到遮罩的影響。

⓯ Lock Content〈鎖定內容〉：可鎖定當前Layer（圖層）中所播放的內容，鎖定後，即使去按同一個圖層中其他Clip（片段），也不會播放出其他Clip（片段）的素材內容。【註：此功能是幫助使用者避免因為誤觸，而不小心播出其他的素材內容。】

⓰ New Mixer〈混合新素材〉：點擊後，會開啟「Resolume Wire」軟體，以製作客製化的特效。

⓱ Layer〈圖層〉的顏色：點擊選擇的顏色後，會使目前選取的Layer（圖層）改變顏色。

點擊「Column」後的畫面及說明

- ❶ Column〈列/欄位〉的名稱：此處會顯示目前選取的Column（列/欄位）的名稱，使用者可自行命名。

- ❷ New〈新建/新增〉：點擊後，會出現視窗，可新增一列全新的Column（列/欄位）。

- ❸ Insert Before〈在之前插入〉：點擊後，會在目前選取的Column（列/欄位）之前插入一列新的Column（列/欄位）。

- ❹ Insert After〈在之後插入〉：點擊後，會在目前選取的Column（列/欄位）之後插入一列新的Column（列/欄位）。

- ❺ Duplicate〈複製〉：點擊後，會複製出另一列目前選取的Column（列/欄位）。

- ❻ Rename〈重新命名〉：點擊後，可將目前選取的Column（列/欄位）重新命名。

- ❼ Clear Clips〈清除片段〉：點擊後，會將目前選取的Column（列/欄位）中，所有的Clip（片段）清除。

- ❽ Remove〈刪除〉：點擊後，會刪除目前選取的Column（列/欄位）。

- ❾ Remove All Before〈刪除之前所有〉：點擊後，會將目前選取的Column（列/欄位），之前的所有Column（列/欄位）刪除。

- ❿ Remove All After〈刪除之後所有〉：點擊後，會將目前選取的Column（列/欄位），之後的所有Column（列/欄位）刪除。

- ⓫ Column〈列/欄位〉的顏色：點擊選擇的顏色後，會使目前選取的Column（列/欄位）改變顏色。

點擊「Clip」後的畫面及說明

須先選取至少一個Clip，並置入素材後，下拉式選單中的選項才會變成可選擇狀態；關於置入素材的步驟，請參考P.142。

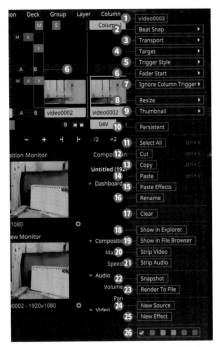

▲此為已置入素材至Clip（片段）的下拉式選單畫面。

❶ Clip〈片段〉的名稱：此處會顯示目前選取的Clip（片段）的名稱，而使用者可自行命名。

❷ Beat Snap〈節拍捕捉／跟拍〉：點擊後，可設定切換素材的固定節拍間隔，並在播放後，確保素材會在正確的拍點上開始播放。

❸ Transport〈傳輸〉：播放時，可選擇是以Clip（片段）的時長播放，或是以跟音樂拍子走的方式播放。

❹ Target〈目標／片段目標〉：當有很多影片要播放時，點擊此按鈕後，可指定影片在當前使用的圖層中播放，在現場表演時能較方便。

❺ Trigger Style〈觸發器樣式／觸發方式〉：可選擇用不同的方式控制如何播放影片，例如：Piano（鋼琴模式）可將軟體UI設定在鍵盤或控制器，並以按住鍵盤的時間長短，來控制播放影片。

❻ Fader Start〈衰減器啟動／交叉推桿啟動〉：若開啟此選項，並在影片播放的過程中，來回拉動「▌」，使畫面消失後又再次亮起，此時影片會從頭開始播放；若關閉此選項，並在影片播放的過程中，來回拉動「▌」，使畫面消失後又再次亮起，此時影片並不會從頭開始播放，而是會依照原本的播放進度繼續播放。【註：當此選項旁標有一個綠色圓點，則表示有開啟；通常都是開啟的狀態。】

❼ Ignore Column Trigger〈忽略列觸發器／忽略欄位觸發器〉：點擊後，會使目前選取的Clip（片段），在播放畫面時，不會受到列觸發器／欄位觸發器的控制。

❽ Resize〈調整尺寸〉：點擊後，會出現選單，可調整素材在輸出畫面中呈現的大小。

❾ Thumbnail〈縮圖〉：點擊後，會出現選單，可選擇素材在 Clip（片段）上顯示的縮圖樣式。

❿ Persistent〈持續〉：先選擇想標記的一個 Clip（片段），再點擊此選項，就可以將 Clip 的格子換成其他顏色，以作為記號。【註：點擊後，再點擊❷❻的顏色，可選擇欲標記的顏色。】

⓫ Select All〈選擇全部/全部選取〉：點擊後，會選取所有已置入素材的 Clip（片段）。

⓬ Cut〈剪下〉：點擊後，會剪下目前選取 Clip（片段）中的檔案。

⓭ Copy〈複製〉：點擊後，會複製目前選取 Clip（片段）中的檔案。

⓮ Paste〈貼上〉：點擊後，會將已剪下或複製的 Clip（片段）檔案，貼上新選取的 Clip（片段）。

⓯ Paste Effects〈貼上效果/貼上特效〉：點擊後，會將已剪下或複製且套用特效的 Clip（片段），貼上在新選取 Clip（片段）。

⓰ Rename〈重新命名〉：點擊後，可將目前選取的 Clip（片段）重新命名。

⓱ Clear〈清除〉：點擊後，會清除目前選取 Clip（片段）。

⓲ Show in Explorer〈在資源管理器中顯示/在資料夾視窗中顯示〉：點擊後，會出現資料夾的視窗，並顯示目前選取的 Clip（片段）的檔案位置。

⓳ Show in File Browser〈在檔案瀏覽器中顯示/在檔案及特效資料中顯示〉：點擊後，會在檔案及特效資料的區塊中顯示，目前選取 Clip（片段）的檔案位置。

⓴ Strip Video〈去除影片/去掉影像〉：點擊後，會去掉目前選取 Clip（片段）中的影像部分。

㉑ Strip Audio〈去除音訊/去掉聲音〉：點擊後，會去掉目前選取 Clip（片段）中的聲音部分。

㉒ Snapshot〈快照〉：點擊後，會將目前選取 Clip（片段）中的播放畫面截圖，並自動置入在新的 Clip（片段）中。

㉓ Render To File〈渲染到檔案/轉出成檔案〉：點擊後，會將目前選取 Clip（片段）轉出成 DXV 編碼的 MOV 檔案。

㉔ New Source〈新素材〉：點擊後，會呼叫出「Resolume Wire」軟體，來做客製化的素材，並會在目前選取的 Clip（片段）中，新增一個可編輯的檔案，例如：可自行調整特效或畫面細節等。

㉕ New Effect〈新特效〉：點擊後，會呼叫出「Resolume Wire」軟體，來做客製化的特效，並會在目前選取的 Clip（片段）中，新增一個可編輯的特效。

㉖ Clip〈片段〉的顏色：點擊選擇的顏色後，會使目前選取的 Clip（片段）改變顏色。

點擊「Output」後的畫面及說明

❶ Disabled〈禁用〉：點擊後，不會顯示任何輸出的視窗。

❷ Fullscreen〈全屏〉：點擊後，會讓輸出畫面填滿螢幕，且須選擇播放輸出畫面的裝置，例如：Display1。【註：Display 1 是自己的電腦螢幕。】

❸ Windowed〈視窗〉：點擊後，會出現當下 Composition（作品 / 合成）尺寸的視窗，並播放輸出畫面，且須選擇播放輸出畫面的裝置，例如：Display 1。

❹ Advanced〈高階 / 進階設定〉：點擊後，會出現視窗，可進行進階的輸出設定。【註：輸出的設定步驟，請參考 P.203。】

❺ Texture Sharing〈資源分享〉Spout：點擊後，可將輸出畫面共享給同一台電腦中的其他應用程式。

❻ Network Streming〈網路串流〉NDI：點擊後，可將輸出畫面與不同台電腦共用。

❼ Identify Displays〈識別顯示器〉：當輸出的螢幕有兩個以上時，點擊後，電腦和螢幕畫面上會出現數字，代表電腦和螢幕分別屬於顯示器所設定的編號。

❽ Open System Display Preferences〈開啟系統顯示偏好〉：點擊後，會直接開啟電腦顯示器的設定視窗，可進行電腦設備的相關設定。

❾ Show FPS〈顯示 FPS〉：點擊後，會在預覽畫面顯示 FPS 的資訊。

❿ Show Test Card〈顯示測試卡〉：點擊後，會在輸出畫面上出現顯示測試卡。
【註：顯示測試卡的步驟，請參考 P.184。】

⓫ Show Display Info〈顯示顯示器資訊〉：點擊後，會在輸出畫面顯示播放裝置的資訊。

⓬ Snapshot〈快照〉：點擊後，會將目前輸出畫面、正在播放的畫面截圖，並自動置入在新的 Clip（片段）中。

點擊「Shortcuts」後的畫面及說明

關於控制器的設定的步驟，請參考 P.185。

❶ Edit Keyboard〈編輯鍵盤〉：點擊後，Arena 軟體會進入「以鍵盤為控制器來切換播放 Clip（片段）」的編輯狀態，使用者可替每個 Clip（片段）設定快捷鍵；之後在輸出畫面時，就可運用快捷鍵自由切換欲播放的 Clip（片段）。

❷ Edit MIDI〈編輯 MIDI〉：點擊後，Arena 軟體會進入「以 MIDI 裝置為控制器來切換播放 Clip（片段）」的編輯狀態，使用者可替每個 Clip（片段）設定快捷鍵；之後在輸出畫面時，就可運用快捷鍵自由切換欲播放的 Clip（片段）。

❸ Edit OSC〈編輯 OSC〉：點擊後，Arena 軟體會進入「以 OSC 裝置為控制器來切換播放 Clip（片段）」的編輯狀態，使用者可替每個 Clip（片段）設定快捷鍵；之後在輸出畫面時，就可運用快捷鍵自由切換欲播放的 Clip（片段）。

❹ Edit DMX〈編輯 DMX〉：點擊後，Arena 軟體會進入「以 DMX 裝置為控制器來切換播放 Clip（片段）」的編輯狀態，使用者可替每個 Clip（片段）設定快捷鍵；之後在輸出畫面時，就可運用快捷鍵自由切換欲播放的 Clip（片段）。

❺ Stop〈停止/停止編輯〉：點擊後，會結束控制器的編輯狀態。

點擊「View」後的畫面及說明

　　使用者可從View的選單中設定在Arena介面上顯示或隱藏各種功能鍵，也可以更改Arena介面語言，以及調整介面七個區塊的位置等。

❶ 各種功能鍵

　　點擊此區的任一按鈕後，會讓該功能鍵在Arena的介面上顯示或隱藏。【註：標有綠色圓點的選項為目前已顯示的功能鍵；無綠色圓點的選項為隱藏中的功能鍵。】

❷ Language〈語言〉

　　點擊後，會出現選單，可自行選擇介面語言。【註：更改Arena介面語言的步驟，請參考P.128。】

❸ Layout〈佈局〉

　　點擊後，會出現選單，可更改Arena的介面安排，例如：讓輸出畫面變大或移動位置、讓編輯區獨自成為另一個新視窗等。

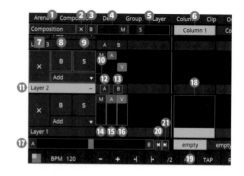

02 作品/合成

Arena的合成位於菜單的下方，此處可以置入素材及特效，並透過不同按鈕或滑桿來控制輸出畫面的播放內容。

❶ Composition〈作品/合成〉：點擊後，編輯區（P.120）會出現 Composition（作品/合成）可編輯的參數及功能，且可套用特效。

❷ ×：點擊後，會立刻停止播放 Composition（作品/合成）中全部的 Clip（片段）內容，並從輸出畫面中退出、關閉。

❸ B：點擊後，輸出畫面會暫時隱藏「整個 Composition（作品/合成）正在播放的內容」，但影像仍在繼續播放，只是不會出現在輸出畫面中。只要再次點擊，就會讓被隱藏的內容重新出現在輸出畫面上。

❹ M滑桿：讓輸出畫面暫時關閉或以淡入、淡出方式呈現「Composition（作品/合成）正在播放的內容」，功能和❸的按鈕 B 相同，只是變成用滑桿控制，因此可製造出逐漸淡入或淡出的播放效果。【註：因 M 滑桿負責控制所有播放內容的可見度，所以當它不是 100% 滿格時，就會出現 M 的紅色標示。】

❺ S滑桿：可透過 S 滑桿控制「整個 Composition（作品/合成）中 Clip（片段）的播放速度」。但若某些 Clip（片段）已經設定成「讓畫面跟著 BPM 變化」，則這些 Clip（片段）的播放速度就不會受到 S 滑桿的控制。【註：讓畫面跟著 BPM 變化的步驟，請參考 P.181。】

❻ Column〈列/欄位〉：點擊後，可讓位於同一 Column（列/欄位）中所有的 Clip（片段），同時在輸出畫面中播放。

❼ ×：點擊後，會立刻停止播放 Layer（圖層）中 Clip（片段）的內容，並從輸出畫面中退出、關閉。

❽ B：點擊後，輸出畫面會暫時隱藏「Layer（圖層）正在播放的內容」，但影像仍在繼續播放，只是不會出現在輸出畫面中。只要再次點擊，就會讓被隱藏的內容重新出現在輸出畫面上。

❾ S：S 代表「Solo」，因此點擊後，輸出畫面會只剩下此 Layer（圖層）單獨播放，其他的 Layer（圖層）不會被看見。

⑩ Add：點擊後，會出現下拉式選單，使用者可選擇欲套用的特效。

⑪ Layer〈圖層〉：點擊後，按滑鼠右鍵，會出現和菜單中的 Layer（圖層）相同的下拉式選單。點擊後，可讓編輯區（P.120），呈現 Layer（圖層）可編輯的參數及功能，且可套用特效。【註：菜單中 Layer 的說明，請參考 P.110；將滑鼠游標移動到此處時，會出現「-」符號，點擊「-」後，可縮小 Layer 占的空間，而點擊「+」後，可重新展開 Layer。】

⑫ A：須配合⑰AB 交叉推桿使用，點擊後，就可將指定 Layer（圖層）設定為 A 圖層。

⑬ B：須配合⑰AB 交叉推桿使用，點擊後，就可將指定 Layer（圖層）設定為 B 圖層。

⑭ M 滑桿：可運用滑桿同時控制指定 Layer（圖層）的聲音大小及影像透明度。

⑮ A 滑桿：可透過 A 滑桿控制指定 Layer（圖層）的聲音大小。

⑯ V 滑桿：可透過 V 滑桿控制指定 Layer（圖層）的影像透明度。

⑰ AB 交叉推桿：須配合⑫的 A 按鈕和⑬的 B 按鈕使用，當設定好 A、B 圖層後，可透過 AB 交叉推桿，快速切換 A、B 圖層的播放。

⑱ Clip〈片段〉：可置入素材。點擊後，可讓編輯區（P.120），呈現 Clip（片段）可編輯的參數及功能，且可套用特效。【註：置入素材的步驟，請參考 P.142。】

⑲ Deck〈疊/頁面標籤〉：點選後，Composition（作品/合成）區塊就會顯示該頁面標籤的 Layer（圖層），且一個 Composition（作品/合成）裡可新增多個 Deck（疊/頁面標籤）。

⑳「◀」上一個：點選後，Composition（作品/合成）區塊就會顯示（往左）上一個 Deck（疊/頁面標籤）的 Layer（圖層）。

㉑「▶」下一個：點選後，Composition（作品/合成）區塊就會顯示（往右）下一個 Deck（疊/頁面標籤）的 Layer（圖層）。

Section 03 輸出畫面

　　輸出畫面會呈現實際播放的影像內容，讓使用者在製作 VJ 影像時，能確認自己製作出的影像，在實際演出時呈現的樣子。關於在輸出畫面播放 Clip（片段）的步驟，請參考 P.146。

04 預覽畫面

預覽畫面是讓使用者在不影響輸出畫面的播放下，可以瀏覽其他還沒有打算加入輸出畫面的Clip（片段）內容的視窗。關於預覽Clip（片段）的步驟，請參考P.146。

在製作VJ影像時，預覽畫面能讓使用者個別查看Clip（片段）中的素材播放效果，同時不會干擾輸出畫面的播放的內容；而在實際演出時，預覽畫面能讓VJ在播放演出內容的同時，還能確認下一段要播放的Clip（片段）。

05 編輯區

使用者可在此區塊編輯不同的設定，例如：畫面的縮放程度、調整畫面透明度、影像素材的旋轉角度等，或自行安排區塊位置，可依個人習慣設置。關於調整特效參數的步驟，請參考P.166。

❶ Composition〈作品/合成〉的編輯區按鈕：點擊後，在❸編輯區會出現Composition（作品/合成）的可編輯選項。

❷ Layer〈圖層〉的編輯區按鈕：點擊後，在❸編輯區會出現Layer（圖層）的可編輯選項。

❸ Composition〈作品/合成〉或Layer〈圖層〉的編輯區：當使用者點擊❶或❷的按鈕後，會出現Composition（作品/合成）或Layer（圖層）的可編輯選項。

❹ Clip〈片段〉的編輯區：在點擊有置入素材的Clip（片段）後，此編輯區會出現Clip（片段）的可編輯選項。

檔案及特效資料

檔案及特效資料位於Arena介面的右下角，此區塊可呈現素材的儲存位置、檢視過往曾製作過的Composition（作品/合成）、使用Arena內建的特效及素材等。

❶ Files〈檔案〉：點擊後，使用者可在❺視窗查找電腦中儲存的素材。

❷ Compositions〈作品/合成〉：點擊後，使用者可在❺視窗開啟過往曾製作過的Composition（作品/合成）檔案。

❸ Effects〈效果/特效〉：點擊後，❺視窗會出現Arena軟體內建的全部特效。

❹ Sources〈源/來源〉：點擊後，❺視窗會出現Arena軟體內建的素材；若有外接攝影器材在拍攝畫面，則即時拍攝出的畫面，也可從此拖曳到Clip（片段）中成為素材。

❺ Files、Compositions、Effects或Sources的內容視窗：只要點擊❶、❷、❸或❹，此視窗就會出現相對應的內容。

07 中間工具列

中間工具列位於合成的下方，此處可設定BPM的數值、選擇讓操作步驟回到上一步或進到下一步、錄製輸出畫面等。

❶「■」：可呈現目前BPM的速度。【註：可顯示第一至第四個拍子，讓使用者能知道現在有沒有在拍子上，例如：左上方閃一下為第一拍，右上方是第二拍等，這樣就能知道影片的拍子有沒有對上；若是八拍，外圈會閃一下。】

❷ BPM：可呈現目前BPM所設定的數值。

❸ -：點擊後，可降低BPM所設定的數值，每點擊一次就減少1。

❹ +：點擊後，可增加BPM所設定的數值，每點擊一次就增加1。

❺「◀」：點擊後，BPM會減速。

❻「▶」：點擊後，BPM會加速。

❼ /2：點擊後，可降低BPM所設定的數值，每點擊一次就除以2。

❽ ×2：點擊後，可增加BPM所設定的數值，每點擊一次就乘以2。

❾ TAP〈打拍子〉：透過連續點擊四次，代表使用者想設定的拍子，接著，軟體會自動偵測出點擊的BPM速度，且會顯示BPM的數值。

❿ RESYNC〈重新同步〉：點擊後，會回到第一拍。

⓫ PAUSE〈暫停〉：點擊後，會暫停（數拍子）。

⓬「▲」〈節拍器〉：點擊後，會出現節拍器的聲音。

⓭「↩」〈undo 恢復〉：點擊後，可回復到上一步的操作。

⓮「■」〈redo 重做〉：點擊後，可進入到已操作過的下一步操作。

⓯ RECORD〈錄製〉：點擊後，可錄製輸出畫面所播放的Clip（片段）內容。
【註：自行錄製新素材的步驟，請參考P.182。】

02 使用前須知

在開始用Arena製作VJ影像前，須先了解以下基本概念。

Section 01 購買序號方法

若要購買Arena序號，不趕時間的話，建議可趁國外感恩節、黑色星期五等節慶時購買，因為較容易遇到官方推出優惠折扣價的促銷活動。

01

進入官網後，先點擊❶「Shop」，進入購物頁面後，再點擊❷「Buy」，即可依照官網引導進行購買。

02

進入購物車頁面，點擊「Checkout」後，可依官網指示，填入購買序號的相關資訊。

註冊方法

購買完Arena序號後，須至Arena內輸入已購買的序號，使Arena從試用版變成，不會再出現浮水印的正式版。

01

點擊「Resolume Arena」，開啟軟體。【註：「Alley」可以將影片轉成DXV格式，也可用於預覽，因一般的播放器較少支援DXV檔案；「Wire」是可自行創作特效效果的軟體，且創作出的特效可在Arena中使用。】

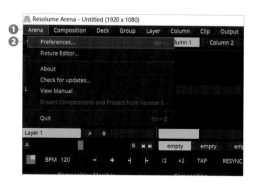

02

先點擊❶「Arena」，出現下拉式選單，再點擊❷「Preferences」。

03

出現視窗，點擊「Registration」。

04

先輸入❶「購買完成的序號」，再點擊❷「Register」，即完成註冊。

03 常用名詞介紹

❶ Composition〈作品/合成〉：一個 Composition（作品/合成）是由許多的 Clip（片段）、特效及控制快捷鍵的集合體。

❷ Group〈群組〉：使用者可將多個 Layer（圖層）設定成一個 Group（群組；參考 P.198），以方便讓多個 Layer（圖層）能一起套用同一個淡入或淡出的轉場效果。

❸ Layer〈圖層〉：一個 Layer（圖層）能包含多個 Clip（片段），但在播放時，每一個 Layer（圖層）只能選擇播放其中一個 Clip（片段）。不過，多個 Layer（圖層）則可以同時播放，以重疊混合出新的影像。

❹ Clip〈片段〉：一個 Clip（片段）為合成區塊中的一小格，而每一格 Clip（片段）都能放入一個素材（參考 P.142），例如，一個影片檔、一個靜態圖片檔、一個音檔、一段外接攝影機的即時拍攝內容，或是將一個圖片檔和一個音檔結合，並放在同一格當中。

❺ Column〈列/欄位〉：當一個 Column（列/欄位）是由多個 Layer（圖層）的 Clip（片段）組成。在播放時，使用者可透過觸發一個 Column（列/欄位），讓位於同一列的 Clip（片段）同時在輸出畫面播放。

❻ Deck〈疊/頁面標籤〉：一個 Deck（疊/頁面標籤）代表一個工作區的分頁，而使用者可透過建立不同的 Deck（疊/頁面標籤），來區分不同種類的節目內容。

❼ BPM：BPM 是 Beats Per Minute 的縮寫，代表「每分鐘多少拍」，為測量音樂速度的單位，而 BPM 的數值越大，代表音樂的節拍速度越快。

例如：若將四分音符設定為指定的節拍，則 BPM 可解讀為：四分音符在一分鐘內出現的次數。

重新命名的方法

使用者可運用「Rename」的選項，將Clip（片段）、Layer（圖層）、Group（群組）、Column（列/欄位）及Deck（疊/頁面標籤）重新命名，以便管理自己的素材或專案，而重新命名的方法，請參考以下步驟。【註：以「將Clip重新命名」為示範。】

METHOD 01　滑鼠右鍵選單

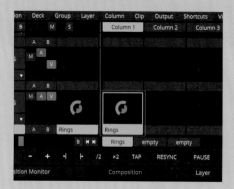

M101

點擊「欲重新命名的Clip（片段）」，並按下滑鼠右鍵。

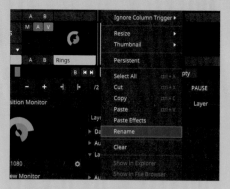

M102

出現選單，點擊「Rename」。

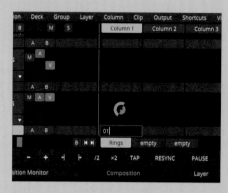

M103

Clip（片段）的名稱變成可編輯狀態，輸入欲使用的新名稱。

M104

最後，按下「Enter鍵」，即完成重新命名。

METHOD 02 菜單

M201

先點擊❶「欲重新命名的Clip（片段）」，
再點擊菜單的❷「Clip」（或按右鍵）。

M202

出現選單，點擊「Rename」。

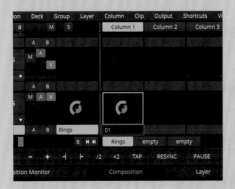

M203

Clip（片段）的名稱變成可編輯狀態，
輸入欲使用的新名稱。

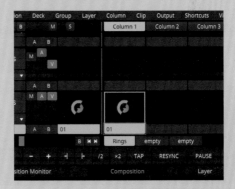

M204

最後，按下「Enter鍵」，即完成重新
命名。

Arena官網上的學習資源

若有需求，Arena官網上有提供與Arena操作有關的教學影片，讓新手使用者可以參考及學習。

進入Resolume Arena官網後，點擊❶「Training」後，將頁面往下拉，即出現與Arena 有關的❷「教學影片」。

更改Arena介面語言的方法

Arena介面的預設語言是英文，若使用者想更改介面語言，請參考以下步驟。

01

開啟Arena後，點擊「View」，出現下拉式選單。

02

先點擊❶「Language」，出現選單，再點擊❷「Chinese(traditional)」。

03

出現視窗，點擊「Ok」。

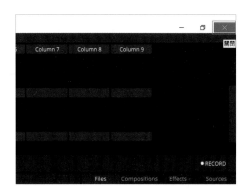

04

點擊右上角的「×」。

05

出現視窗，點擊「Quit」。

06

退出軟體後，再次點擊「Resolume Arena」。

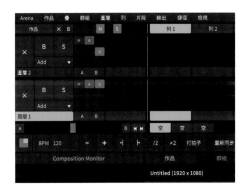

07

開啟軟體後，Arena 介面會自動變更為步驟 2 選擇的語言，即完成設定。【註：以改成繁體中文為例；Arena 內建的官方中文翻譯與本書的翻譯有部分不同。】

Section 06 VJ素材哪裡找？

不論是VJ要蒐集演出現場適用的素材，或是要自行製作新的影像素材，VJ素材都是不可或缺的關鍵，以下將介紹VJ素材的來源。

COLUMN 01

Arena軟體內建素材

最容易取得又免費的VJ素材，就是Arena軟體本身內建的影像素材。

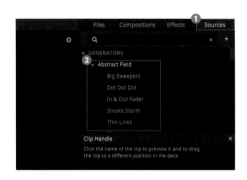

開啟Arena後，點擊❶「Sources」，下方就會出現❷Arena軟體的內建素材。

COLUMN 02

網路上的免費素材庫

在瀏覽器上輸入「Free VJ Loop」，進行搜尋，就能找到不少可以免費下載素材的網站，例如：Vimeo、Beeple。

而Beeple網站中的素材皆由藝術家Mike Winkelmann（Beeple）製作，可免費使用在商業或非商業演出上，因此早期許多VJ喜歡在商業演出時，使用此網站的素材。

但在下載免費素材前，須先確認該素材免費使用的範圍，例如：有些免費素材在使用時須註明來源、有些免費素材不可商用等，詳細規定須依各個素材庫網站上的說明為準。

▲Vimeo素材庫網站QRcode

▲Beeple網站QRcode

付費素材

使用者可在網路上付費購買自己喜歡或符合需求的VJ素材,例如:Resolume中的Footage(官網)、Envato等。

◆ Resolume 官網上的付費素材購買位置

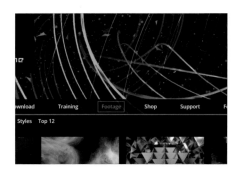

01

進入 resolume arena 的官網後,點擊「Footage」。

02

將頁面往下滑,即可看到官網上提供可付費購買的VJ素材。

使用Arena製作素材

使用者可將Arena現有的Clip(片段)素材,加入特效並錄製成新的素材(參考P.182)。

使用其他軟體製作素材

使用者可使用其他軟體製作素材,再將製作好的素材置入到Arena中使用。例如:可運用After Effects製作素材。

檔案連動及支援格式說明

事先歸類好資料夾與素材的位置

如果在檔案匯入Arena後，又在電腦上移動該檔案的儲存位置，Arena會顯示「檔案連結遺失」，此時使用者須重新連結檔案，讓Arena能連結到檔案位置。

因此，建議使用者在操作Arena前，先將同一個專案會使用到的素材整理在一起，不要在操作Arena的途中才開始整理檔案，以免須另外花時間重新尋找和連結被移動的檔案。

Arena支援的素材格式

在Arena中，使用者可匯入影像及聲音檔案作為製作成品的素材，而Arena可支援的素材格式，包含以下幾種。

檔案類型	可支援的格式
動態影音檔	.MOV檔案、.AVI檔案、.GIF檔案、.MP4檔案、.MPG和.MPEG檔案。
靜態影像檔	.PNG檔案、.JPG和.JPEG檔案、.TIFF和.TIF檔案。
聲音檔	.WAV檔案。

Arena 軟體操作

OPERATING ARENA SOFTWARE

以下將介紹Arena軟體中，不同功能的操作步驟。

Section 01 **建立新合成**

在開啟軟體時，系統會自動建立一個新的Composition（作品/合成），但若操作至一半，想建立新的Composition（作品/合成）時，請參考以下步驟。

01

先點擊 ❶「Composition」，出現下拉式選單，再點擊 ❷「New」。

02

出現視窗，點擊「New」。【註：若想儲存原本正在進行的合成，請點擊「Save &New」。】

03

新合成建立完成。

新合成的基本設定

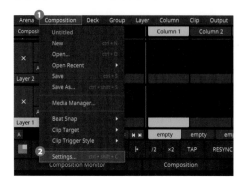

01

先點擊❶「Composition」，出現下拉式選單，再點擊❷「Settings」。

02

出現視窗，輸入「01」為Composition的名字。【註：可依需求命名。】

03

點擊Size的「▼」。【註：也可以直接在Size的欄位輸入欲設定的長、寬數值，以設定畫面尺寸。】

04

出現選單，點擊欲設定的畫面尺寸。

05

先點擊FrameRate的❶「▼」，出現下拉式選單，再點擊❷「欲設定的影格速率」。【註：FrameRate是影格速率，即每秒顯示的影格（幀）數量；此處以「Auto」為例。】

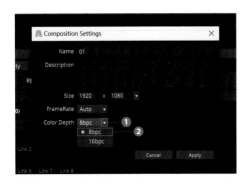

06

先點擊 Color Depth 的 ❶「▼」，出現
下拉式選單，再點擊 ❷「欲設定的色
彩深度」。【註：Color Depth 是色彩深
度，代表影像可呈現的顏色多寡；此處
以「8bpc」為例。】

07

點擊「Apply」，即完成新合成的基本
設定。

儲存檔案

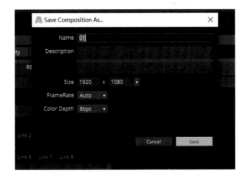

01

先點擊 ❶「Composition」，出現下拉
式選單，再點擊 ❷「Save」。【註：若
要另存新檔，須點擊「Save as」。】

02

出現視窗，點擊「Save」，即完成儲存
檔案。

檢視存檔位置的方法

01

點擊❶「Compositions」後,點擊檔名❷「01」,並按下滑鼠右鍵。【註:以P.135儲存的檔案為例。】

02

出現選單,點擊「Show in Explorer」。

03

出現視窗,即可看到❶「儲存的檔案」,以及❷「儲存的位置」。

Section 03　開啟舊檔

01

先點擊❶「Composition」,出現下拉式選單,再點擊❷「Open」。

02

出現視窗,點擊「Open」。【註:若想儲存原本正在進行的合成,請點擊「Save &Open」。】

03

出現視窗，點擊「Resolume Arena」。

04

點擊「Compositions」。

05

先點擊❶「欲開啟的舊檔」，再點擊❷「開啟」。

06

檔案開啟完成。

Section 04 偏好設定

　　通常有外接設備，或是想修改影片存檔的位置時，我們會進入偏好設定進行設定。

01

先點擊❶「Arena」，出現下拉式選單，再點擊❷「Preferences」。

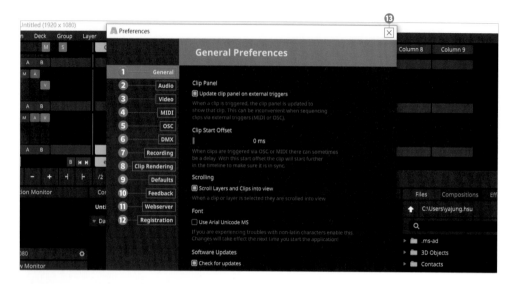

02

出現視窗，可依需求點擊，如下說明。

❶ 點擊「General」，進入步驟 3。

❷ 點擊「Audio」，跳至步驟 4。

❸ 點擊「Video」，跳至步驟 5。

❹ 點擊「MIDI」，跳至步驟 6。

❺ 點擊「OSC」，跳至步驟 7。

❻ 點擊「DMX」，跳至步驟 8。

❼ 點擊「Recording」，跳至步驟 9。

❽ 點擊「Clip Rendering」，跳至步驟 10。

❾ 點擊「Defaults」，跳至步驟 11。

❿ 點擊「Feedback」，跳至步驟 12。

⓫ 點擊「Webserver」，跳至步驟 13。

⓬ 點擊「Registration」，跳至步驟 14。

⓭ 在設定完成後，點擊「╳」，即可關閉視窗。

03

在 General（一般），可設定：是否要接收新版本更新通知、退出軟體時是否要出現「再次確認的視窗」等，設定完成後，點擊「╳」，以關閉視窗。

04

若有外接音效卡，可在 Audio（音訊），
選擇欲使用的音效卡，設定完成後，點擊
「×」，以關閉視窗。

05

在 Video（影片），可設定 Arena 介面中預
覽畫面的背景顏色等，設定完成後，點擊
「×」，以關閉視窗。

06

若有外接 MIDI 控制器，可在 MIDI 中選
擇欲使用的控制器，設定完成後，點擊
「×」，以關閉視窗。

07

在 OSC，可設定 OSC 訊號的代碼通道，設定完成後，點擊「×」，以關閉視窗。【註：OSC 是 Open Sound Control 的縮寫，可讓手機或平板透過網路發送 OSC 訊號，藉此控制電腦上的 Arena。】

08

在 DMX，可設定燈光的 DMX 訊號，設定完成後，點擊「×」，以關閉視窗。【註：DMX 是一種主要用於燈光的控制協議。】

09

在 Recording（錄製），可設定用 Arena 軟體錄製後的影片存檔位置，或調整影片檔案格式，設定完成後，點擊「×」，以關閉視窗。

10

若有在 Clip（片段）上做素材變化，並想另外儲存成影片，可在 Clip Rendering（片段渲染）設定存檔位置，或調整影片格式，設定完成後，點擊「×」，以關閉視窗。

11

在 Defaults（預設），可預先設定整個專案執行時的影片轉場設定、播放型式、混合模式等，設定完成後，點擊「✕」，以關閉視窗。

12

在 Feedback（回饋），可寄送使用軟體後的意見，撰寫完成後，點擊「✕」，以關閉視窗。

13

若要用網路控制軟體，可在 Webserver（網路伺服器）查看位置資訊，確認後，點擊「✕」，以關閉視窗。

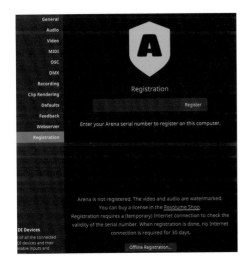

14

在 Registration（註冊），可輸入已購買付費版的序號，設定完成後，點擊「✕」，以關閉視窗。【註：註冊方法請參考 P.124。】

在 Clip（片段）置入素材

在 Clip（片段）置入素材的方法有兩種，第一種是「一次置入一個素材」，第二種是「一次置入一個資料夾中的全部素材」。

METHOD 01　**一次置入一個素材**

使用者可從 Files 或 Sources 中選擇「一個素材置入 Clip（片段）」中，以下為示範從 Sources 中置入一個 Arena 內建的素材。

M101

點擊「Sources」。

M102

點擊欲置入的內建素材。【註：此處以「45 Degree Pan」為例。】

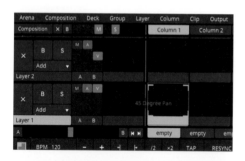

M103

以滑鼠長按步驟 M102 中，選取的素材，並拖曳到欲置入的 Clip（片段）。

M104

放開滑鼠，即完成素材置入。

METHOD 02　一次置入一個資料夾中的全部素材

　　若使用者已將全部須使用到的素材整理在同一個資料夾中，且想要一次置入全部的素材時，即可採用以下方法置入素材。

M201

點擊「Files」。

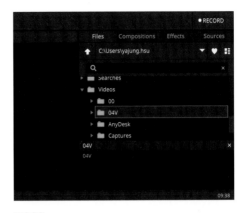

M202

將視窗往下滑，點擊欲置入的資料夾。

M203

以滑鼠長按步驟 M202 中，選取的資料夾，並拖曳到❶「Column 1」或❷「Clip」。

M204

放開滑鼠，即完成資料夾內的全部素材置入。

06 置換Clip（片段）中的素材

置換素材的方法可分為兩種，第一種是「在已有舊檔案的Clip（片段）中，替換新的素材」；第二種是「將已經置入在Clip（片段）中的檔案，移動到其他Clip（片段），以更換素材的位置」。【註：一次置入一個素材的步驟，請參考P.142。】

METHOD 01　以新素材取代舊素材

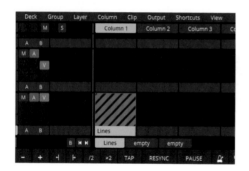

M101

點擊已置入素材的Clip（片段）。

M102

點擊欲更換的內建素材。【註：此處以「3 Some」為例。】

M103

以滑鼠長按步驟M102中，選取的素材後，可選擇拖曳到舊素材所在的Clip（片段）。

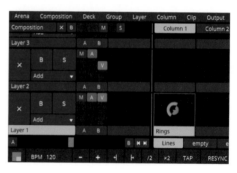

M104

放開滑鼠，素材更換完成。

METHOD 02　移動素材在Clip（片段）的位置

M201

已置入兩個素材。

M202

點擊其中一個有素材的Clip（片段）。
【註：須點擊下方的名稱位置。】

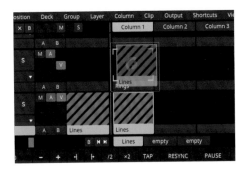

M203

以滑鼠長按步驟M202中，選取的素
材，並拖曳到欲更換位置的Clip（片
段）。【註：也可選擇更換到空白的Clip
位置。】

M204

放開滑鼠，素材更換位置完成。

07 預覽片段

若欲預覽Clip（片段）中的素材播放效果，請參考以下步驟。【註：一次置入一個素材的步驟，請參考 P.142。】

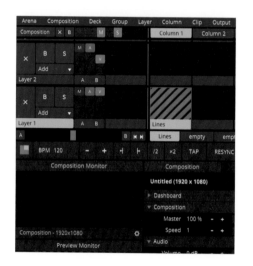

01

置入一個素材。

02

點擊 Clip（片段）下方的 ❶「Lines」，該 Clip（片段）的素材就會在 ❷「預覽畫面（Preview Monitor）」中播放。

08 在輸出畫面播放片段

若欲將Clip（片段）中的素材在輸出畫面中播放，請參考以下步驟。

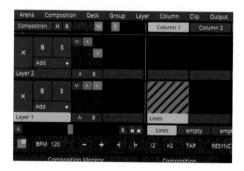

01

置入一個素材。

02

點擊Clip（片段）上方的❶「▨」，該Clip（片段）中的素材就會在❷「輸出畫面（Composition Monitor）」中播放。

09 加入內建特效

在Arena中，特效能放在Clip（片段）、Layer（圖層）或Composition（作品/合成）上，以下將分別說明。

雖然在實務上，VJ較常將特效放在Clip（片段），但放在Composition（作品/合成）和Layer（圖層）的可能性還是存在，因此主要是根據VJ對演出效果的設計，決定特效套用的位置。【註：關於Video effects所有特效的說明，請參考P.152。】

C O L U M N 01

特效放在Clip（片段）

01

置入一個素材。

02

點擊Clip（片段）上方的❶「G」，為影像位置，該Clip（片段）的素材就會在❷「輸出畫面」中播放。

03

點擊「Effects」。

04

點擊欲加入 Clip（片段）的特效。【註：此處以「Mirror Quad」為例。】

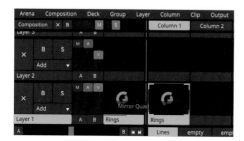

05

以滑鼠長按步驟 4 選取的特效，並拖曳到欲置入的 Clip（片段）。【註：套用特效的另一種方法請參考以下 Tips。】

06

放開滑鼠，即完成在 Clip（片段）加入特效，使用者可從輸出畫面檢視特效的效果。

• **TIPS** •

將特效套用到 Clip（片段）的另一種方法

將特效套用 Clip（片段）的方法，除了可將特效拖曳至欲置入的 Clip（片段）外，也可在選取❶ Clip（片段）後，再將❷ 特效拖曳至❸ Clip（片段）的編輯區，以套用特效。

COLUMN 02

特效放在 Layer（圖層）

在一個 Layer（圖層）加入特效後，則該圖層中所有的 Clip（片段）都會受到特效的影響，並呈現特效的效果。

01

在同一個圖層中置入至少兩個素材。

02

點擊 Clip（片段）上方的 ❶「📷」，為影像位置，該 Clip（片段）的素材就會在 ❷「輸出畫面」中播放。

03

先點擊 ❶「Effects」，再點擊 ❷「欲加入 Layer（圖層）的特效」。【註：此處以「Mirror Quad」為例。】

04

以滑鼠長按步驟 3 選取的特效，並拖曳到欲置入的 Layer（圖層）。【註：也可拖曳到 Layer（圖層）的編輯區。】

05

放開滑鼠，即完成在 Layer（圖層）加入特效，使用者可從 ❶「輸出畫面」檢視特效的效果外，可在 ❷「編輯區」編輯特效。

特效放在 Composition（作品/合成）

在一個 Composition（作品/合成）加入特效後，則該合成中所有的 Clip（片段）都會受到特效的影響，並呈現特效的效果。

01

接續上方 Composition（作品/合成）操作，先置入素材。

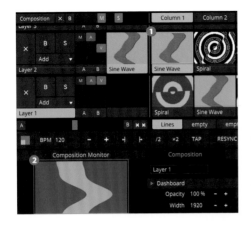

02

點擊 Clip（片段）上方的 ❶「　」，為影像位置，該 Clip（片段）的素材就會在 ❷「輸出畫面」中播放。

03

先點擊 ❶「Effects」，再點擊 ❷「欲加入 Composition（作品/合成）的特效」。
【註：此處以「Mirror Quad」為例。】

04

以滑鼠長按步驟 3 選取的特效，並拖曳到欲置入的 Composition（作品/合成）。【註：也可拖曳到 Composition（作品/合成）的編輯區。】

05

放開滑鼠，即完成在 Composition（作品/合成）加入特效，使用者可從 ❶「輸出畫面」檢視特效的效果外，可在 ❷「編輯區」編輯特效。

VIDEO EFFECTS特效說明表

不論想將Arena內建的特效加入哪個位置，都須從「Effects」視窗中進行選擇，而「VIDEO EFFECTS」選單中的項目，就是可套用在影像上的特效，且其中提供超過一百種特效可以選擇。

選擇影像特效的方式為：先點擊❶「Effects」視窗；再點擊❷「VIDEO EFFECTS」，就會出現下拉式選單供使用者選擇。

Acuarela

模擬水彩或油畫般的動態。

BEFORE

AFTER

Add Subtract

增加或減少素材中的RGB數值。【註：此範例為去除RGB中紅色的效果。】

BEFORE

AFTER

Auto Mask

設定遮罩，且遮罩亮度越高的部分越不容易去除，越接近黑色的部分則越呈現透明感。

BEFORE

AFTER

Bright.Contrast

亮度與對比。【註：此特效為VJ演出現場常用來調整畫面舒適度的特效之一。】

BEFORE

AFTER

Bendoscope

十字型分割、m彎曲的萬花筒。

BEFORE　　　AFTER

Bloom

將亮部曝光處，進行細部調整。

BEFORE　　　AFTER

Blow

畫面邊緣的像素，往同方向拉伸、模糊。

BEFORE　　　AFTER

Blur

模糊效果。

BEFORE　　　AFTER

Chromakey

可挑選顏色作為遮罩。【註：此圖以紅色作為遮罩。】

BEFORE　　　AFTER

Color pass

可透過視窗中的Hue1和Hue2欄位，將畫面調整成特定色調，或變成灰階。

BEFORE　　　AFTER

Circles

將素材呈現在一同心圓中。

BEFORE　　　AFTER

Colorize

將素材變成使用者選擇的色調。

BEFORE　　　AFTER

Cube Tiles

可大量複製同一個素材,並排成立方體,
且立方體不止可縮放,還可旋轉,對不懂
3D的人而言,可快速製作出素材。

BEFORE　　　　AFTER

Crop

素材裁切。

BEFORE　　　　AFTER

Delay RGB

RGB三個顏色的動態延遲效果。

BEFORE　　　　AFTER

Dilate

將畫面圖形化(使畫面變成由指定的圖形構
成),可選擇方塊、圓點、三角或X字形。

BEFORE　　　　AFTER

Displace

以素材亮度分布,進行垂直或水平的破壞性
替換。

BEFORE　　　　AFTER

Distortion

像電視收訊不好的扭曲變形效果。

BEFORE　　　　AFTER

Dither

模擬抖動演算法,將灰階圖像轉為黑白,在
較低位元中加入雜訊。

BEFORE　　　　AFTER

Dot screen

點狀的網版。

BEFORE AFTER

Drop Shadow

增加陰影。

BEFORE AFTER

Edge Detection

可描繪圖形的邊緣線。

BEFORE AFTER

Exposure

增加曝光度,讓影片中的亮部更亮。

BEFORE AFTER

Fish Eye

呈現被魚眼鏡頭拍攝的效果。

BEFORE AFTER

Flip

將素材垂直或水平翻轉。

BEFORE AFTER

Fragment

大量複製同一個素材後,使影片圍繞圓形排列、縮放、立體旋轉等,可創作出新的素材。

BEFORE AFTER

Freeze

可使畫面凍結在素材的某個片段,且可設定只有畫面的局部是凍結畫面,其餘部分正常播放(可分X、Y段凍結)。

BEFORE AFTER

155

Goo

可製作出像黏液般的扭曲動態效果。

BEFORE　　　　AFTER

Grid

增加參考線。

BEFORE　　　　AFTER

Grid Cloner

可大量複製同一個素材,並進行
排列。

BEFORE　　　　AFTER

Hatched

會將畫面變成斜向格線的風格,並
可選擇兩種顏色進行搭配(格線顏
色及背景底色)。

BEFORE　　　　AFTER

Heat

製作出溫度感測效果。

BEFORE　　　　AFTER

Hue Rotate

調整色調。

BEFORE　　　　AFTER

Invert RGB

先將素材的RGB反置,再進行混合。

BEFORE　　　　AFTER

Infinite zoom

迴圈動態效果。

BEFORE　　　　AFTER

Iterate

像電腦視窗中毒般，複製原素材，增加旋轉、縮放等效果，並形成立體空間。

BEFORE AFTER

Kaleidoscope

萬花筒的視覺效果。

BEFORE AFTER

Keystone

可控制素材四邊的頂點位置，並進行移動，使影片的形狀變形。

BEFORE AFTER

Keystone Crop

功能和 Keystone 類似，且移動四邊頂點後會裁切掉畫面外部。

BEFORE AFTER

Keystone Mask

功能和 Keystone Crop 類似，但會裁切掉的是畫面內部。

BEFORE AFTER

Kuwahra

仿水彩油畫畫布風格。

BEFORE AFTER

Levels

色階調整。

BEFORE AFTER

Liner Cloner

會大量複製素材，並進行軸向排列。

BEFORE

AFTER

LoRez

為調整Pixel size與Bit reduction兩者參數
效果的混合，可改變畫面的顏色及使畫面
變成類似像素風格。

BEFORE

AFTER

Mask

可使用指定電腦檔案製作遮罩。

BEFORE

AFTER

Mirror

鏡射效果。

BEFORE

AFTER

Mask Shape

類似馬賽克效果，但可選擇不同的形狀代替
馬賽克的格子。

BEFORE

AFTER

Mirror Quad

將素材分割為四個畫面，並形成鏡射效果。

BEFORE

AFTER

Noisy

增加雜訊小點的效果。

BEFORE   AFTER

Pixel Blur

使像素模糊的效果。

BEFORE   AFTER

Particles System

可使素材變成一個粒子單位,並設定粒子在畫面中的數量、運動方式等,以產生不斷噴射出粒子的動態效果。

BEFORE   AFTER

Pixel High Pass

製作以「高通濾波器」過濾掉影片RGB頻率的效果。

BEFORE   AFTER

Point Grid

製作出點狀網格。

BEFORE   AFTER

PolarKaleido

極地萬花筒的視覺效果。

BEFORE   AFTER

Polkadot

效果和Point Grid相似,但圓形的大小為隨機。

BEFORE   AFTER

Posterize

減少素材中的顏色數值。

BEFORE   AFTER

Radar

模擬雷達掃描的動態效果。

BEFORE　　　　　AFTER

Radial Blur

圓形模糊。

BEFORE　　　　　AFTER

Radial Cloner

放射狀複製排列。

BEFORE　　　　　AFTER

Raster

光柵式的疊加效果。

BEFORE　　　　　AFTER

Recolour

調整Palette的設定來改變素材的顏色，並利用Floor和Celling的設定做變化。

BEFORE　　　　　AFTER

Reveal

可製作「出現亂數方格」的效果。

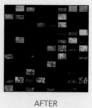

BEFORE　　　　　AFTER

Ripples

液態波動特效。

BEFORE　　　　　AFTER

Saturation

調整色彩飽和度。

BEFORE　　　　　AFTER

Search Light

光圈不斷晃動，模擬尋找的感覺。

BEFORE AFTER

Shape mask

有預設七種形狀的遮色片可選。

BEFORE AFTER

Shaper

繪製出預設的形狀。

BEFORE AFTER

Sharpen

素材銳利化。

BEFORE AFTER

Shift Glitch

製作出素材產生水平或垂直的電波干擾效果。

BEFORE AFTER

Shift RGB

移動素材的R、G、B色版。

BEFORE AFTER

Slice Delay

運用Slice的設定，進行畫面切割後的延遲播放效果。

BEFORE AFTER

Slice Transform

運用Slice的設定，進行畫面切割後，製作畫面翻轉的效果。

BEFORE AFTER

Slide

畫面被推動，且可製作推動循環動態的
效果。

BEFORE　　　　　AFTER

Snow

❶ 不套用在素材上，而是直接使用時，會出現雪花般的效果。
❷ 若套用在素材上，可將雪花的顏色設定為原本影片上的畫面。

Snowy

❶ 不套用在素材上，而是直接使用時，會出現飄細雪的效果。
❷ 若套用在素材上，可選擇積雪或飄雪的效果。

Solid Color

增加色塊。

BEFORE　　　　　AFTER

Sphere

取用素材的顏色並球形化。

BEFORE　　　　　AFTER

Sparkles

會偵測素材上的物體，並在物體周
圍出現閃爍、跳動的十字星。

BEFORE　　　　　AFTER

Stingy Sphere

將素材製作成立體圓球，且亮度
越高處，擠出的網孔越多。

BEFORE　　　　　AFTER

Static

電視雜訊效果。

BEFORE   AFTER

Strobe

閃爍特效。

BEFORE   AFTER

Stripper

利用不同參數，可製作不同的帶狀移動效果。

BEFORE   AFTER

Suckr

將素材往中心吸引的效果。

BEFORE   AFTER

Terrain

可製作地形效果。

BEFORE   AFTER

Text Animator

❶ 不套用在素材上，而是直接使用時，可打上文字並製作動態的文字。

❷ 若套用在素材上，就可在影片畫面上製作動態文字。

Text Block

❶ 不套用在素材上，而是直接使用時，可打上文字，並可設定字距的寬度。

❷ 若套用在素材上，就可在影片畫面上製作靜態文字。

Threshold
可將素材變為兩種顏色，並做變化。

BEFORE　　　　AFTER

Tint
將素材的暗部與亮部上色。

BEFORE　　　　AFTER

Tilt Shift
可製作景深感與暗邊。

BEFORE　　　　AFTER

Trails
顯示殘留素材動態軌跡。

BEFORE　　　　AFTER

Tile
可複製出多個素材，並在不同的垂直或水平方向進行排列。

BEFORE　　　　AFTER

Transform
為變形工具，可縮小、放大、旋轉和位移影片。

BEFORE　　　　AFTER

Triagulate
三角形風格的效果。

BEFORE　　　　AFTER

Tunnel
迷幻的隧道通道效果。

BEFORE　　　　AFTER

Twisted

旋渦般的扭曲效果。

BEFORE　　　　　AFTER

Twitch

類似AE效果裡的Twitch，可製作模糊、閃爍及位移等效果。

BEFORE　　　　　AFTER

UV Map

將2D平面圖模擬3D打光貼圖，並將材質貼入的效果。

BEFORE　　　　　AFTER

Videowall

將素材重複並切割，作為類似電視牆的概念。

BEFORE　　　　　AFTER

Vignette

可使素材邊緣模糊，而邊緣模糊的形狀可以是方形或圓角。

BEFORE　　　　　AFTER

WarpSpeed

圖形扭曲疊影，看起來有快速殘影的感覺。

BEFORE　　　　　AFTER

Wave warp

可製作波形扭曲的多種效果。

BEFORE　　　　　AFTER

Stop motion

從素材中抽取特定的影格（幀）數，並停格在該畫面。【註：因為此特效無法透過對比圖片呈現視覺效果的變化，所以不附圖。】

調整特效參數

不論是Sources中的內建素材，或是Effects中內建的特效，都可以在編輯區中調整參數，以製作出更多變化效果的VJ影像。【註：在片段置入素材的步驟，請參考 P.142。】

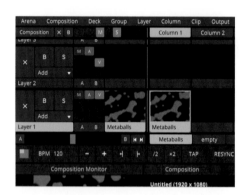

01

在Clip（片段）中置入素材。【註：此處以「Red cells」為例。】

02

在步驟1的 ❶「Clip（片段）中置入特效」。【註：特效放在Clip的步驟，請參考 P.147；此處以 ❷「Noisy」為例。】

03

在Clip的編輯區中，可任意調整參數，以製作出使用者欲呈現的視覺效果。【註：不同特效可提供調整的參數不同，此處以「調整透明度」為例。】

自動播放Clip（片段）

若想讓同一個圖層的多個片段能自動播放，而不須用滑鼠、鍵盤或其他控制器，來控制下一個欲播放的片段時，可透過「Autopilot」設定自動播放的細節，請參考以下步驟。

在「Layer」設定自動播放

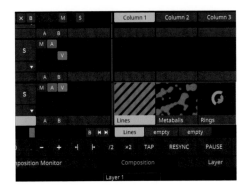

01

在同一個 Layer（圖層）中置入至少兩個素材。

02

先點擊❶「▨」，為素材片段，再點擊 Clip 編輯區的❷「Autopilot」。【註：若 Clip 視窗未展開，須先點擊 Clip，才能找到編輯區。】

03

出現選單，確認 Action 的選項為「Layer Determined」。【註：系統預設的選項為「Layer Determined」。】

04

重複步驟2-3，確認❶「其他素材片段」的 Action 選項皆為❷「Layer Determined」。

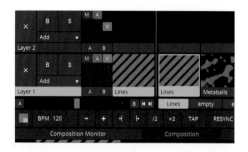

05

點擊欲設定為自動播放的 Layer（圖層）。

06

先點擊 ❶「Layer」視窗，再點擊編輯
區中的 ❷「Autopilot」。

07

出現選單，可依需求點擊，如下說明。

❶ 點擊「◄◄」可讓該圖層中的片段，自
　動按照排列順序，反序播放。

❷ 點擊「►►」，可讓該圖層中的片段自
　動按照排列順序，正序播放。

❸ 點擊「⤨」可讓該圖層中的片段無序
　隨機播放。

❹ 點擊「OFF」，會停止該圖層片段的自
　動播放。

COLUMN 02

在「Clip」設定自動播放

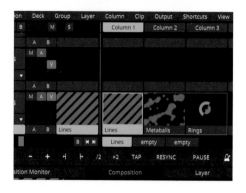

01

在同一個 Layer（圖層）中置入至少兩個素
材。

02

先點擊❶「▨」，為素材片段，再點擊 Clip 編輯區的❷「Autopilot」。【註：若 Clip 視窗未展開，須先點擊 Clip，才能找 到編輯區。】

03

出現選單，點擊 Action 的「▼」。【註： 預設的選項為「Layer Determined」。】

04

出現選單，可依需求點擊，如下說明。

❶ 點擊「Layer Determined」，會依 Layer 的預設設定安排。

❷ 點擊「Do nothing」，不會自動往下 播放。

❸ 點擊「Play Next Clip」，播放完當 下的 Clip（片段）後，會接著播放 下一個 Clip（片段）。

❹ 點擊「Play Previous Clip」，播放完 當下的 Clip（片段）後，會接著播放 上一個 Clip（片段）。

❺ 點擊「Play Random Clip」，播放完 當下的 Clip（片段）後，會隨機播放 其他 Clip（片段）。

❻ 點擊「Play First Clip」，播放完當下 的 Clip（片段）後，會接著播放第一 個 Clip（片段）。

❼ 點擊「Play Last Clip」，播放完當下 的 Clip（片段）後，會接著播放最後 一個 Clip（片段）。

❽ 點擊「Play Specific Clip」，會出現選 單，並可指定在播放完當下的 Clip （片段）後，接著要播放哪一個 Clip （片段）。

05

如圖，「Autopilot」設定完成。

06

最後，重複步驟2-4，將❶「其他 Clip（片段）」的❷「Autopilot」設定完成即可。

12 快速切換不同圖層間的畫面

可先將多個Layer（圖層）設定為A、B圖層，再運用AB交叉推桿，快速切換畫面。【註：在片段置入素材的步驟，請參考P.142。】

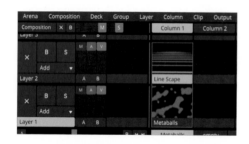

01

在不同Layer（圖層）中置入至少各一個素材。

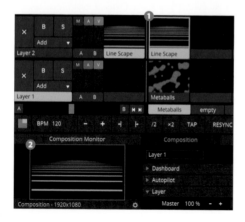

02

點擊❶「欲播放的素材片段」，輸出畫面出現❷「欲播放的素材」。

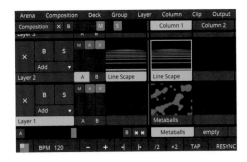

03

在步驟2片段的圖層,點擊「A」,以
設定此圖層為A圖層。

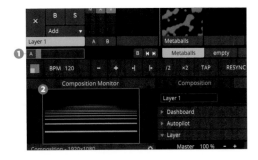

04

將AB交叉推桿的推桿❶「往左移到A
的位置」,此時輸出畫面會出現❷「設
為A圖層的素材」。

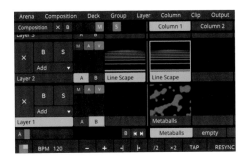

05

在下一個欲播放的圖層,點擊「B」,
以設定此圖層為B圖層。

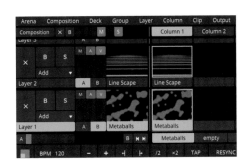

06

點擊B圖層欲播放的片段。

07

將AB交叉推桿的推桿往右移到B的位置,
就開始播放B圖層。【註:在使用時,可
手動移動推桿,即可進行不同圖層間的切
換。】

製作轉場效果

01

在同一個圖層中置入至少兩個素材。【註：在片段置入素材的步驟，請參考 P.142。】

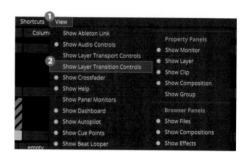

02

點擊❶「View」，出現下拉式選單，再點擊❷「Show Layer Transition Controls」。

03

點擊「Layer」視窗。

04

先點擊編輯區中 Blend Mode 的❶「▼」，出現選單，再點擊❷「欲使用的轉場效果」。【註：此處以「Push Left」為例。】

05

在 Duration 欄位輸入「1s」，為轉場效果欲設定的秒數。【註：此處以「1秒」為例。】

06

點擊❶「另一個素材片段」，即可在❷「輸出畫面」上看到轉場效果。

Arena轉場特效說明表

❶ Add：轉場時，當前一個畫面和下一個畫面會重疊，畫面中的亮處會混合得更亮。

❷ Alpha：前一個畫面淡出時，下一個畫面淡入。

❸ B&W：又稱Black & White，在轉場瞬間，畫面會變成黑白色系。

❹ Burn：轉場時，當前一個畫面和下一個畫面重疊。畫面本身的顏色對比，會模擬出火燒的感覺。

❺ Cube：轉場時，畫面會像方塊一樣翻轉到另一面，並呈現下一個畫面。

❻ Cut：前一個畫面結束後，馬上變成下一個畫面。

❼ Darken：轉場時，當前一個畫面和下一個畫面重疊，會混合出色彩變暗、對比減少的畫面，但白色不受影響。

❽ Difference：轉場時，當前一個畫面和下一個畫面重疊，會將兩個影片中顏色亮度較大處進行相減（亮部重疊的部分顏色變暗）；白色部分改變較大，而黑色部分不會隨著混合而改變。

❾ Difference I：與Difference的轉場效果相同，只是顏色變化的強度會增強一倍。

❿ Displace：上一個畫面會往兩側分裂後，再重新合而為一並消失，而再重新合一的同時，下一個畫面會淡入並與前一個畫面重疊。【註：邊緣錯位加上液化效果。】

⓫ Dissolve：以溶解的效果轉場到下一個畫面。

⓬ Dodge：和Aphla的轉場效果很相似。

⓭ Exclusion：和Difference的轉場效果很相似。

⓮ Hard Light：又稱強光，在原本畫面中亮度高的部分，會混合下一個畫面的顏色，類似強光聚光燈效果，且畫面的暗部會變暗。

⓯ JitterBug：在前一個畫面中閃爍幾次下個畫面後，再變成下一個畫面。

⓰ Lighten：效果和Darken相反，轉場時，當前一個畫面和下一個畫面重疊，會混合出色彩變亮的畫面，但暗色不受影響。

⓱ LoRez：將素材馬賽克處理，並轉場到下一個畫面。

⓲ Luma Is Alpha：下一個畫面出現時，會從亮度高的部分，先以Aphla的方式出場。

⓳ Luma Key：下一個畫面是亮部先以去背的方式出現，且覆蓋在畫面上方，並等上一個畫面的暗部及亮部依序消失後，下一個畫面才完整出現。

⓴ Luma Key I：效果和Luma Key相反，下一個畫面是暗部先以去背的方式出現，且覆蓋在畫面上方，並等上一個畫面的亮部及暗部依序消失後，下一個畫面才完整出現。

㉑ Meta Mix：上一個畫面逐漸變成一個個小像素飛出畫面後，再從飛入的一個個小像素組成下一個畫面。

㉒ Multi Task：下一個畫面以小圖的方式，由右往左放大出現，同時將上一個畫面往左推，而上一個畫面會往左移動到下一個畫面的後側並消失。

㉓ Multiply：又稱正片疊加，轉場時，當前一個畫面和下一個畫面重疊，且因顏色疊加，所以混合後的色彩偏暗。

㉔ Noisy：上一個畫面變成雜訊小點飛散，下一個畫面從飛散的雜訊小點凝聚並組成畫面。

㉕ Overlay：又稱覆蓋，轉場時，當前一個畫面和下一個畫面重疊，且顏色是呈現濾色篩選的效果（下一個畫面剛出現時，整體配色會偏向一個畫面的色系），但基本色彩不會被取代，並會保留亮部與陰影。

㉖ Parts：下一個畫面會以多個從左到右依序出現的長條形，由上往下完全覆蓋上一個畫面。

㉗ PiP：畫面右上角會出現下一個畫面的小圖，再塞滿整個畫面（子母畫面的概念）。

㉘ Push Down：下一個畫面將上一個畫面往下推。

㉙ Push Left：下一個畫面將上一個畫面往左推。

㉚ Push Right：下一個畫面將上一個畫面往右推。

㉛ Push Up：下一個畫面將上一個畫面往上推。

㉜ RGB：轉場時，當前一個畫面和下一個畫面重疊，且下一個畫面會依序以紅、綠、藍色疊加出現。

㉝ Rotate X：以畫面中心點為0，上下翻轉畫面。

㉞ Rotate Y：以畫面中心點為0，左右翻轉畫面。

㉟ Screen：又稱增色模式，上一個畫面和下一個畫面重疊時，會混合畫面顏色；而以色彩模式混合原理來說，RGB為最大數值時，相加會變成白色。

㊱ Shift RGB：下一個畫面會分成紅、綠、藍色，並朝三個不同方向飛出畫面；同時下一個畫面會分成紅、綠、藍色，從三個不同方向飛進畫面，再重疊出正確顏色的畫面。

㊲ Side by Side：下一個畫面以小圖的方式，由左至右放大出現，同時將上一個畫面往右推，而上一個畫面會往右移動並縮小至消失。

㊳ Soft Light：又稱柔光，效果和Hard light類似，但亮度混合的程度較柔和。

㊴ Static：首先，上一個畫面的亮部被保留，暗部變成黑白雜訊，後來整個畫面都變成黑白雜訊；再來下一個畫面的亮部先出現，暗部仍是雜訊，最後下一個畫面完整出現。

㊵ Subtract：轉場時，當上一個畫面和下一個畫面重疊，會以下一個畫面為主，將顏色飽和度高的進行混合，而黑色部分就不會出現。

㊶ Tile：以當前畫面的縮圖由左下往右上排滿畫面，再由左下往右上一個個消失，進而看到下一個畫面。

㊷ TimeSwicher：前一個畫面和下一個畫面會相互交錯閃爍，最後停在下一個畫面。

㊸ Twitch：前一個畫面同時模糊、左右晃動且縮小消失；下一個畫面同時模糊、左右晃動且放大出現。

㊹ Wipe Ellipse：下一個畫面會以橢圓形出現在原先畫面的中心，且橢圓形會從中心放大到覆蓋整個畫面。

㊺ Zoom In：當前一個畫面拉近後，淡入下一個畫面。

㊻ Zoom Out：前一個畫面往後拉遠後，換下一個畫面由遠方拉近。

㊼ to Black：前一個畫面淡出後會先變成黑色畫面，再從黑色畫面淡入下一個畫面。

㊽ to Color：前一個畫面淡出後會先變成特定顏色畫面（使用者可自行設定顏色），再從該顏色畫面淡入下一個畫面。

㊾ to White：前一個畫面淡出後會先變成白色畫面，再從白色畫面淡入下一個畫面。

讓畫面跟著音樂或節拍變化

若使用者希望播放的畫面能跟隨音樂、麥克風輸入的人聲或BPM進行變化，請參考以下步驟。【註：在片段置入素材的步驟，請參考 P.142。】

COLUMN 01

讓畫面跟著音樂素材變化

01

在圖層Layer1置入一個音樂素材。【註：音樂素材是從 Files 匯入。】

02

重複步驟1，在圖層 Layer2 置入一個影像素材。

03

同時點擊步驟1和步驟2的片段，讓影像及聲音素材同時播放，可讓操作者在進行細節調整時，同步檢視預覽畫面，是否為欲呈現的效果。

04

點擊步驟2的❶「▨」片段，讓下方編輯區的 Clip 進入該片段的❷「編輯狀態」。

05

將滑鼠游標移至想讓❶「影像跟著音樂變化的選項」上，出現❷「⚙」後，點擊滑鼠左鍵。【註：此處以「Rotation」為例。】

06

出現選單，點擊「Composition FFT」。

07

點擊「▶」。

08

出現詳細選項，點擊「L」。【註：L為低音，代表設定影像主要跟著音樂中的低音進行變化；使用者可自行選擇其他選項。】

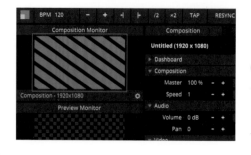

09

設定完成，此時輸出畫面中的影像會隨著同一個 Composition 中，播放的音樂素材一起變化。

讓畫面跟著輸入音源變化

在外接麥克風並輸入音源後,若欲使播出的影像,隨著麥克風輸入的聲音產生變化,請參考以下步驟。

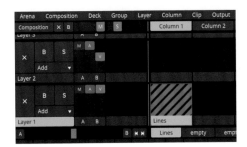

01

在 Clip(片段)中置入素材。

02

先點擊❶「Arena」,出現下拉式選單,再點擊❷「Preferences」。

03

出現視窗,點擊「Audio」。

04

先點擊 Audio Input Device 的❶「▼」,出現下拉式選單,再點擊❷「欲輸入音源的裝置」。

05

先點擊 External Audio FFT Input 的❶「▼」,出現下拉式選單,再點擊❷「欲輸入的外接音源選項」。

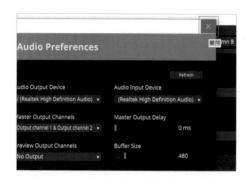

06

點擊「✕」，關閉視窗。

07

點擊步驟1的❶「▨」片段，讓下方編輯區的 Clip 進入該片段的❷「編輯狀態」。

08

將滑鼠游標移至欲讓❶「影像跟著音樂變化的選項」上，會出現❷「⚙」，並點擊滑鼠左鍵。【註：此處以「Rotation」為例。】

09

出現選單，點擊「External FFT」。

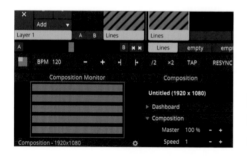

10

設定完成，此時輸出畫面中的影像會隨著輸入音源的聲音一起變化。【註：可參考參考 P.178 的步驟 7-8，進行細節的設定。】

讓畫面跟著 BPM 變化

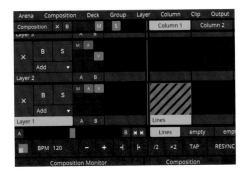

01

在 Clip（片段）中置入素材。

02

點擊步驟 1 的 ❶「▨」片段，讓下方編輯區的 Clip 進入該片段的 ❷「編輯狀態」。

03

將滑鼠游標移至欲讓 ❶「影像跟著音樂變化的選項」上，會出現 ❷「🔧」，並點擊滑鼠左鍵。【註：此處以「Rotation」為例。】

04

出現選單，點擊「BPM Sync」。

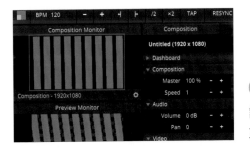

05

設定完成，此時輸出畫面中的影像會隨著 BPM 一起變化。

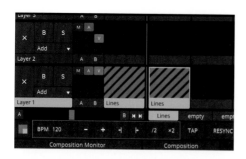

06

若想改變BPM的數值，可在中間工具列自行調整。【註：也可在此處查看目前BPM數值是多少。】

15 自行錄製出新素材

使用者可透過Arena的錄製功能，將輸出畫面播放出的影像錄製成新的素材。例如：將多個Clip（片段）混合的輸出畫面、套用過特效的Clip（片段）的輸出畫面，或在錄製過程中點擊不同Clip（片段）進行播放的輸出畫面等。【註：在片段置入素材的步驟，請參考P.142。】

01

在Clip（片段）中置入素材。

02

點擊❶「欲錄製的Clip（片段）」，讓混合的影像播放在❷「輸出畫面」。

03

點擊「RECORD」，開始錄製輸出畫面的影像。【註：可在錄製時點擊並播放不同的片段。】

04

點擊「STOP」，結束輸出畫面的錄製。

05

結束❶錄製後，會自動存成新素材，並置入❷「Clip（片段）」中。

COLUMN 01

檢視新素材的儲存位置

01

點擊自行錄製的新素材。

02

點擊滑鼠右鍵，出現選單，「Show in Explorer」。

03

出現視窗，即可得知❶「新素材」的❷「儲存位置」。

顯示測試卡

　　若使用者想測試自己輸出的影像有沒有和實際的投影物對齊，就可參考以下步驟，在Arena中顯示測試卡。

01

先點擊❶「Output」，出現下拉式選單，再點擊❷「Show Test Card」。

02

在輸出畫面上會出現軟體內建的測試卡。

Section 17 控制器的設定

使用者可選擇用Keyboard（電腦的鍵盤）、MIDI裝置或OSC裝置等，作為觸發Clip（片段）播放至輸出畫面的控制器，以下分別說明。

例如：若以Keyboard（電腦的鍵盤）作為控制器，就可為不同Clip（片段）設定不同的快捷鍵，讓VJ能透過按鍵盤的按鍵，來播放對應的Clip（片段）。

COLUMN 01

Keyboard控制器設定

因是將電腦的鍵盤作為控制器，所以無須先另外連接設備或下載安裝其他驅動程式，即可在Arena中進行控制器的相關設定。

01

在 Clip（片段）中置入素材。

02

先點擊❶「Shortcuts」，出現下拉式選單，再點擊❷「Edit keyboard」。

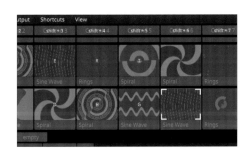

03

Arena介面進入控制器的編輯模式，點擊「欲設定快捷鍵的Clip（片段）」。

185

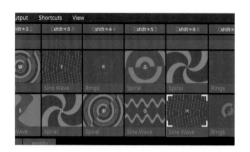

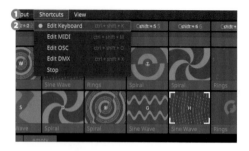

04

輸入欲用來控制步驟3選取的Clip（片段）的快捷鍵。【註：此處快捷鍵以「H鍵」為例；而此時輸入法須改為英文。】

05

先點擊❶「Shortcuts」，出現下拉式選單，再點擊❷「Edit keyboard」，以將綠點消除。

06

結束控制器的編輯模式後，按下「H鍵」，即可播放Clip（片段）。

COLUMN 02

MIDI控制器設定

　　因要將MIDI裝置作為控制器，所以須先連接MIDI裝置，並先下載安裝MIDI裝置的驅動程式，再回到Arena中進行控制器的相關設定。

01

開啟瀏覽器，在搜尋欄位輸入「可下載MIDI驅動程式的官網名稱」。【註：此處以「nanoKONTROL2」為例。】

02

按下Enter鍵後，出現搜尋結果頁面，點擊「nanoKONTROL2-SLIM-LINE USB CONTROLLER-Korg」。

03

進入官網，點擊「Support」。

04

點擊「Downloads」。

05

點擊「Download KORG USB-MIDI Driver here」。

06

點擊「適合個人電腦系統的版本下載」。【註：此處以「for Windows 10」的版本為例。】

07

將頁面往下滑，並點擊「KORG USB-MIDI Driver/ KORG USB-MIDI Driver（for Windows 10）」。

08

下載完成後，先點擊❶「 ▾ 」，出現選單，再點擊❷「在資料夾中顯示」。

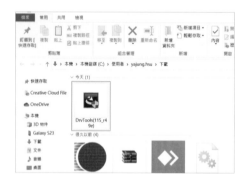

09

出現視窗，點擊「DrvTools（115_r49e）」。

10

出現視窗，點擊「NEXT」後，依照系統引導安裝驅動程式。

11

待驅動程式完成安裝，先將電腦重新開機，並將❶「MIDI裝置連接到電腦」後，再❷「開啟 Arena」。

12

先點擊❶「Arena」，出現下拉式選單，再點擊❷「Preferences」。

13

出現視窗，先點擊❶「MIDI」，再點擊 MIDI 裝置名稱的❷「►」。

14

出現下拉式選單，找到「MIDI Input」。

15

點擊「 ▶ 」。

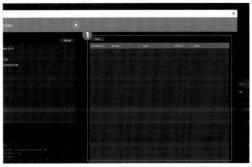

16

❶「出現視窗」後，按下❷「MIDI 裝置上的按鈕」，以進行測試。

17

視窗中出現文字，代表按下MIDI裝置
上的按鈕後，Arena有接收到訊號。

18

點擊「×」，以關閉視窗。

19

先點擊❶「Shortcuts」，出現下拉式
選單，再點擊❷「Edit MIDI」。

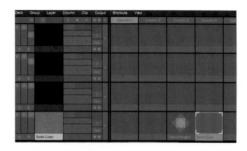

20

Arena介面進入控制器的編輯模式，
點擊欲設定快捷鍵的Clip（片段）。
【註：綠色區塊為可連結到MIDI裝置並
進行控制的項目。】

21

按下MIDI裝置的按鈕。【註：此處以
第一排第一顆按鈕「S」為例。】

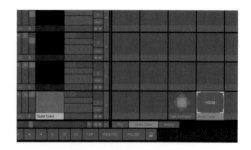

22

步驟20點擊的Clip（片段）上，會出
現MIDI裝置按鈕的編碼。

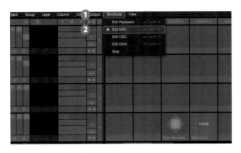

23

最後,先點擊❶「Shortcuts」,出現下拉式選單,再點擊❷「Edit MIDI」,將綠點消除後,即完成設定。

OSC控制器設定

因要將OSC裝置作為控制器,所以須先另外連接OSC裝置,並先下載安裝OSC裝置的驅動程式,再回到Arena中進行控制器的相關設定。

在進行以下步驟操作前,須先在手機下載安裝「TouchOSC」APP,以及在電腦下載安裝「TouchOSC Editor」軟體,並確定手機及電腦都有連上網路。【註:「TouchOSC」在Play商店和Apple Store中都可付費購買;「TouchOSC Editor」則可在官網下載。】

📺 Arena — 電腦操作

01

在電腦上開啟Arena,並先點擊❶「Arena」,出現下拉式選單,點擊❷「Preferences」。

02

出現視窗,先點擊❶「OSC」,再點擊❷「OSC Input」。

03

在手機上，點擊
「TouchOSC」，以
開啟APP。

04

進入頁面，點擊
「OSC:Disabled」。

05

開啟Enabled的「○」。

06

FOUND-HOSTS（1）會搜尋到正在使用的
Resolume Arena，點擊「User-Resolume Arena」，
TouchOSC就會連接到電腦的數據。【註：手機與
電腦須同時有網路才可連接。】

07

在Port（incoming）輸入數字。【註：此處以
「9000」為例；輸入的數字不能和Port（outgoing）
的數字相同。】

08

在電腦上，點擊「OSC Output」。

09

先點擊 OSC Output 下方的 ❶「▼」，
出現下拉式選單，再點擊 ❷「步驟6
連接的手機名稱」。

10

視窗中出現手機的資訊。

11

點擊「●」。

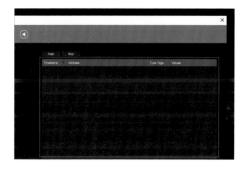

12

出現視窗。

手機操作

13

在手機畫面上，點擊
「TouchOSC」。

14

點擊 LAYOUT 下方
選單的「>」。

15

點擊「Mix 16」，為
自製面板。【註：可
在此選擇內建面板或
自製面板。】

16

點擊「TouchOSC」。

17

點擊「Done」。

18

進入有按鈕的面板畫
面，此時即可按下按
鈕，以進行測試。

19

若電腦視窗有出現文字，代表 Arena 有接收到手機的訊號。

20

點擊「×」，以關閉視窗。

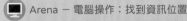

自製面板方法

Arena — 電腦操作：找到資訊位置

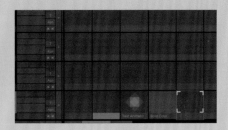

01

在電腦上，先點擊❶「Shortcuts」，出現下拉式選單，再點擊❷「Edit OSC」。

02

Arena介面進入控制器的編輯模式，點擊欲設定快捷鍵的Clip（片段）。
【註：紅色區塊為可連結到手機並進行控制的項目。】

03

點擊Clip（片段）後，Arena畫面右下方會出現OSC Input資訊，❶「為相對位置」，❷「為絕對位置」，須複製❶的文字。

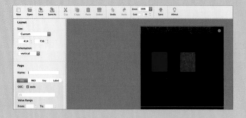

04

開啟 TouchOSC Editor，並製作出自製
面板。【註：TouchOSC Editor 為須另外
下載的電腦軟體，常用於製作 APP 軟體
「TouchOSC」的自製面板。】

05

在 TouchOSC Editor 中，先選取 ❶「欲
控制 Clip（片段）的按鈕」，再貼上
❷「步驟 3 複製的文字」。

06

點擊「Save As」。

07

出現視窗，先輸入 ❶「檔名」，再點擊
❷「Save」，以另存新檔。

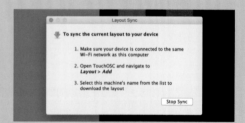

08

點擊「Sync」。【註：Sync 的意思為同
步。】

09

出現視窗。

10

在手機畫面上，點擊「TouchOSC」。

11

點擊 LAYOUT 下方選單的「>」。

12

點擊「Add」。

13

FOUND HOSTS（1）會出現正在使用的電腦，即可點擊此選項。

15

進入 LAYOUT 的頁面，點擊欲使用的面板。【註：此處以自製面板「tst001」為例。】

16

點擊「TouchOSC」，回到上一頁面。

14

點擊「Layout」，回到上一頁面。

18

進入設定好的面板頁面，
完成初步設定。

17

點擊「Done」。

🖥 Arena 一 電腦操作

19

最後，先點擊❶「Shortcuts」，出現下
拉式選單，再點擊❷「Edit OSC」，將
綠點消除，即完成設定。

Section 18 新增群組的方法

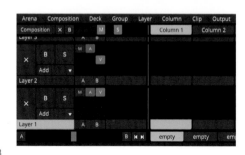

01

點擊欲建立群組的圖層。【註：此處以
「Layer 1」為例。】

02

在步驟1的圖層上，點擊滑鼠右鍵，
出現選單。

03

先點擊❶「Group」，出現選單，再
點擊❷「New」。

04

Group 1 群組新增完成。

05

若欲將其他圖層加入 Group 1 群組，可
在其他圖層重複步驟1-3，並在Group
的選單中，點擊「Group 1」即可。

19 輸出的設定

COLUMN 01

開啟播放的視窗

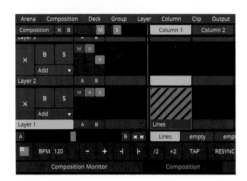

01

素材在 Arena 製作完成。

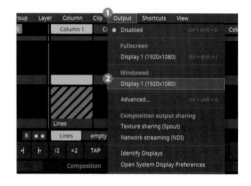

02

先點擊❶「Output」，出現下拉式選單，再點擊❷「Display 1」為欲播放輸出畫面的裝置。【註：此處以 Windows 本身的「Display 1」為例。】

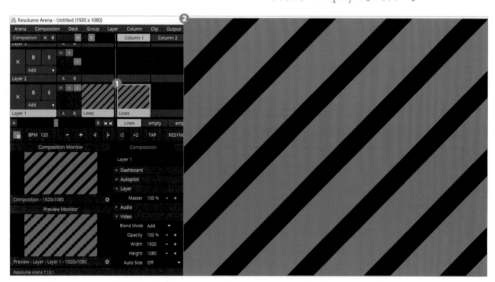

03

出現視窗後，點擊❶「欲播放的片段」，即可檢視❷「視窗上的輸出畫面」。

關閉播放的視窗

01

先點擊❶「Output」，出現下拉式選單，再點擊❷「Disabled」。

02

即關閉播放視窗。

設定投影機

在電腦及Arena中進行以下的設定步驟前，須先將投影機連接到電腦。
【註：以下使用蘋果電腦進行操作示範。】

設定電腦顯示器

01

開啟Arena後，點擊❶「 」，出現下拉式選單，點擊❷「系統偏好設定」。

02

出現視窗，點擊「顯示器」。

03

出現雙視窗，❶「右側視窗」可選擇輸出訊號與Retina顯示器內容；❷「左側視窗」可調整投影機的畫面。

04

在左側視窗中，取消勾選「鏡像顯示器」後，會出現延伸桌面，可指定其中一個桌面為操作者畫面；另一個為VJ內容輸出畫面。

開啟Arena設定投影畫面

<u>METHOD 01</u> 設定Arena投影出完整畫面

M101

點擊欲投影的Clip（片段）。

M102

先點擊❶「Output」，出現下拉式選單，再點擊❷Fullscreen的「Display 2（1920×1080）」。

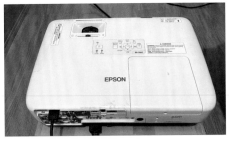

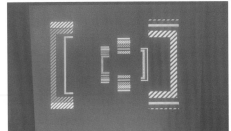

M103

如圖，投影機投影出完整畫面。

METHOD 02 **設定Arena投影在立體或不規則的物件上**

M201

點擊欲投影的 Clip（片段）。

M202

先點擊❶「Output」，出現下拉式選單，再點擊❷Fullscreen的「Display 2（1920×1080）」。

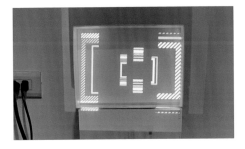

M203

此時投影出去的畫面並未對準在方框內。

M204

先點擊❶「Output」，出現下拉式選單，再點擊❷「Advanced」。

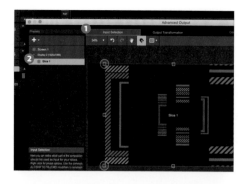

出現視窗，先點擊 ❶「Input Selection」，
再點擊 Screen 1 下方的 ❷「Slice 1」。

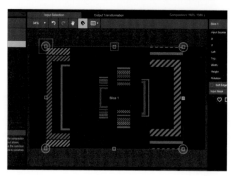

M206

以滑鼠左鍵拖曳「◎」或「□」，以調整
範圍。

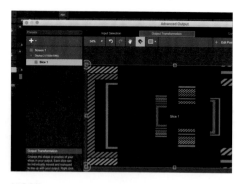

M207

點擊「Output Transformation」。

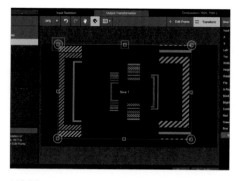

M208

檢視投影機投影出的畫面，以滑鼠左
鍵拖曳「◎」或「□」，直到投影畫面變
成欲呈現的大小。

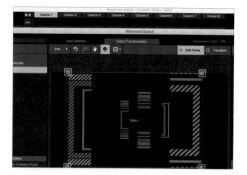

M209

若只想調整畫面四角中的其中一角，
點擊「+ Edit Points」。

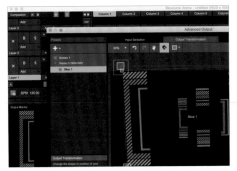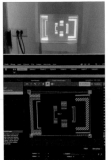

M210

以滑鼠左鍵拖曳「□」,看著投影機投影出的畫面,以調整位置。

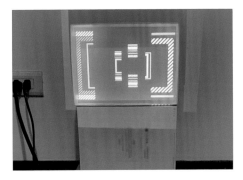

M211

調整完成後,點擊「Save & Close」。

M212

最後,確認投影畫面已剛好投影在方框內即可。

C O L U M N 04

設定LIVE實作特效合成

若沒有螢幕和投影機,可用有前鏡頭的電腦練習設定LIVE實作特效合成。

01

將欲合成的素材先放入 Clip(片段)中,並完成排列。

02

先點擊❶「Sources」，再點擊 Capture Devices 的❷「▶」。

03

出現選單，點擊「FaceTime HD 攝影機（內建）」。

04

將「FaceTime HD 攝影機（內建）」拖曳至想放置的 Clip（片段）位置。

05

點擊❶「FaceTime HD 攝影機（內建）」的 Clip（片段）後，點擊❷「Effects」。

06

點擊❶「Bright.Contrast」，並拖曳至❷「FaceTime HD 攝影機（內建）」的 Clip（片段）。

07

在「Bright.Contrast」的編輯區中，自行調整喜歡的數值。

08

將❶「Colorize」拖曳至❷「FaceTime HD 攝影機（內建）」的 Clip（片段）。

09

在「Colorize」的編輯區中，自行調整喜歡的數值。

10

點擊 Column（列 / 欄位），播放 Clip（片段）。

11

若希望 LIVE 的畫面顏色更偏紅一點，就進入「Colorize」的編輯區中，再調整即可。

Section 20 特效合成實戰演練：讓圖片動起來

　　VJ 在工作上，有時會碰到只有一張平面 LOGO 的圖片素材，卻需要製作動態影像的情況，此時除了可在 LOGO 的背景擺放其他動畫素材外，也可在圖片素材上套用特效而讓 LOGO 動起來，使畫面看起來更豐富。以下將示範兩種讓 LOGO 圖片動起來的方法，並分別操作步驟。【註：在片段中置入素材的步驟，請參考 P.142。】

▲ 以下步驟會使用此 LOGO 圖片進行示範操作。

製作基礎動態的方法

01

將平面素材與動態素材置入想要的位置。

02

點擊「擺放LOGO圖片」的Clip（片段）。

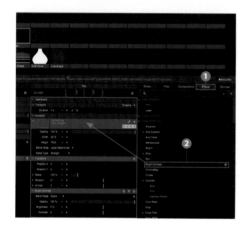

03

先點擊❶「Effects」，再點擊❷「Bright. Contrast」並拖曳到Clip（片段）的編輯區。

04

在Clip（片段）編輯區，可依個人需求分別調整❶「Brightness」和❷「Contrast」的數值，以調整亮度及對比。【註：此處Brightness以「36%」為例；Contrast以「-0.1%」為例。】

05

在 Clip（片段）編輯區中的 Transform，
點擊 Rotation 的「▶」。

06

出現選單，有 ❶「X 、Y、 Z 三種旋轉
的方向」，將滑鼠移到 Rotation Z 左側，
出現 ❷「⚙」後點擊。

07

出現選單，點擊「Timeline」。

08

LOGO 素材開始 ❶「順時針轉動」，系
統也會顯示 ❷「▶」。

09

依個人需求調整 Rotation Z 中「Speed」
的數值，以調整轉速。【註：此處以
「0.5」為例，數值越小轉速越慢。】

10

點擊「◀」，可使 LOGO 素材逆時針
旋轉。【註：可依個人喜好調整旋轉
方向。】

11

移動 Rotation Z 右側的 ❶「◢」和 ❷「◣」，可調整 LOGO 素材旋轉角度的範圍。

12

點擊 Rotation Z 右側的「◢」或「◣」，會出現數值，可直接輸入欲設定的數值，也可用拖拉的方式改變數值，以調整 LOGO 素材旋轉角度的範圍。

13

最後，先點擊播放模式的 ❶「↔」，出現下拉式選單，再點擊 ❷「Bounce」即完成動畫Ⓐ，待下方步驟使用。【註：可依個人需求選擇播放模式；「Bounce」是讓動畫左右來回反覆循環。】

製作進階動態的方法

01

複製上方步驟13動畫Ⓐ，並貼在隔壁的 Clip（片段）中。

02

點擊 Clip（片段）編輯區中 Transform 的「P.」。

03

出現選單，點擊「Defaults」，回到預
設值，LOGO不再轉動。

04

先點擊❶「Effects」，再點擊❷「Slide」
並拖曳到Clip（片段）的編輯區。

05

先點擊Slide的❶「P.」，出現下拉式
選單，再點擊❷「Down」，以選擇
LOGO素材滑動的方向。【註：可依
個人需求選擇滑動方向。】

06

將滑鼠移到Slide下方的Y左側，出現
「🔧」後點擊。

07

出現下拉式選單，點擊「Envelope」。

08

出現圖表，點擊圖表右下側的「P.」。

09

出現選單，可點擊欲選擇的動畫模式。
【註：可依個人需求選擇動畫模式；此處
以「EasyEase」模式為例。】

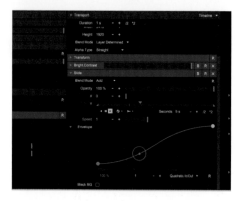

10

點擊圖表上的線條後，會出現節點，
並可自行拖曳節點位置。

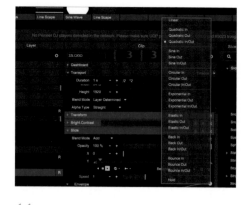

11

在節點上按滑鼠右鍵後，會出現選單，
有多種模式供選擇使用。【註：可依個
人需求選擇動畫模式。】

12

依個人需求調整「Speed」的數值，以調整
滑動的速度。【註：此處以「4」為例，數
值越小滑動速度越慢。】

13

先點擊❶「Effects」，再點擊❷「Flip」
並拖曳到 Clip（片段）的編輯區。

14

將滑鼠移到 Flip 下方的 Vertical 左側，
出現「⚙」後點擊。

15

出現選單，點擊「Basic」。

16

先點擊❶「Vertical」，再將數值調
整為❷「0.56」，以調整 LOGO 素材
的位置。【註：可依個人需求調整位
置。】

17

將 Opacity 的數值調整為❶「15%」，以調
整❷「LOGO 素材疊影的透明度」，此時
即可看到 logo 的疊影。

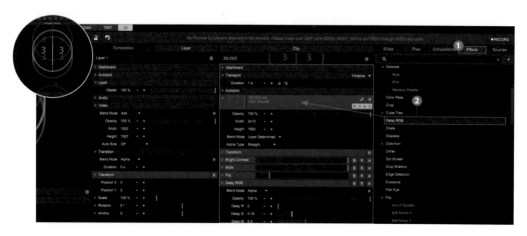

18

若還想增加更多疊影，先點擊❶「Effects」，再點擊❷「Delay RGB」並拖曳到 Clip（片段）的編輯區。

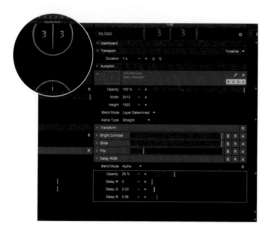

19

在 Delay RGB 下方，將 Opacity、Delay R、Delay G 及 Delay B 分別設定為 25%、0、0.03、0.06。

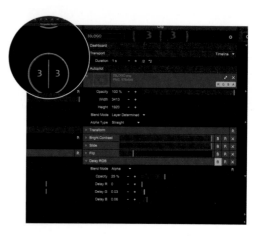

20

若覺得特效太多，欲關閉某個特效，但又不想移除，可點擊「B」，則此特效則就不會顯現。【註：特效上、下的順序不同，產生的效果也會不一樣。】

After Effects
教學

Teaching After Effects

CHAPTER 04

AE介面介紹

AE INTERFACE INTRODUCTION

After Effects簡稱為AE，是一套常用於製作影像特效及動態圖像的軟體，VJ可使用AE來自行製作VJ Loop的素材檔案。

開啟AE後，就會看到AE的介面可大致分為以下六大區塊，以下將分別進行說明。

❶ 菜單，詳細説明請參考 P.217。
❷ 工具列，詳細説明請參考 P.230。
❸ 專案視窗，詳細説明請參考 P.232。
❹ 合成視窗，詳細説明請參考 P.233。
❺ 編輯區視窗，詳細説明請參考 P.234。
❻ 時間軸視窗，詳細説明請參考 P.234。

AE的菜單位於介面的最上方，以下將針對各選項進行簡介，讓使用者能大致了解每個選項所包含的功能。【註：點擊菜單上的選項後，出現的下拉式選單中，若和使用者當下操作無關的選項，就會呈現灰色文字，也就是無法點擊的狀態。】

❶ 點擊「File」後的畫面及說明，請參考 P.217。

❷ 點擊「Edit」後的畫面及說明，請參考 P.220。

❸ 點擊「Composition」後的畫面及說明，請參考 P.221。

❹ 點擊「Layer」後的畫面及說明，請參考 P.223。

❺ 點擊「Effect」後的畫面及說明，請參考 P.225。

❻ 點擊「Animation」後的畫面及說明，請參考 P.226。

❼ 點擊「View」後的畫面及說明，請參考 P.227。

❽ 點擊「Window」後的畫面及說明，請參考 P.229。

❾ 點擊「Help」後的畫面及說明，請參考 P.229。

COLUMN 01

點擊「File」後的畫面及說明

❶ New〈新增〉：點擊後，會出現選單，可選擇新增 AE 的 Project、資料夾等。

❷ Open Project〈開啟檔案〉：點擊後，可開啟已儲存的 AE 舊檔。

❸ Open Team Project〈開啟團隊檔案〉：點擊後，可開啟多人在雲端上同步編輯 AE 檔案的視窗。

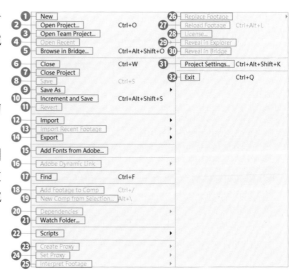

❹ Open Recent〈**開啟最近的檔案**〉：點擊後，可開啟最近使用過的 AE 檔案。

❺ Browse in Bridge〈**在 Bridge 瀏覽**〉：點擊後，可在 Adobe Bridge 瀏覽檔案。【註：須先安裝 Adobe Bridge 才能使用此功能。】

❻ Close〈**關閉**〉：點擊後，會關閉當下選擇的 Composition（合成）。

❼ Close Project〈**關閉檔案**〉：點擊後，會關閉當下選擇的整個 AE 專案。

❽ Save〈**儲存**〉：點擊後，會將目前操作的 AE 存檔。

❾ Save As〈**另存為**〉：點擊後，會出現視窗，可將目前操作的 AE，另外存成一個新檔案。

❿ Increment and Save〈**增量保存**〉：點擊後，除了會將目前操作的 AE 存檔一次之外，還會另外存成一個新的檔案，且新檔案的名稱會自動往下編號，例如：01、02、03 等。

⓫ Revert〈**恢復**〉：點擊後，會將整個 AE 專案回到上一次儲存的狀態。

⓬ Import〈**匯入**〉：點擊後，會出現選單，可選擇想匯入 AE 的素材。

⓭ Import Recent Footage〈**匯入最近的素材**〉：點擊後，會出現選項，可選擇匯入最近使用過的檔案。

⓮ Export〈**匯出**〉：點擊後，會出現選單，可選擇將 AE 的專案輸出成不同格式的檔案。

⓯ Add Fonts from Adobe〈**從 Adobe 官網新增字體**〉：點擊後，畫面會跳轉至 Adobe Font 的網頁，可選擇字體，並在安裝後給 AE 使用。

⓰ Adobe Dynamic Link〈**動態連接**〉：點擊後，可透過此功能與 Premiere Pro 進行同步即時製作（例如：若在 Premiere Pro 中插入 After Effects 專案的素材，只要 After Effects 有進行編輯，Premiere Pro 會自動更新編輯的部分）。

⓱ Find〈**尋找**〉：會自動讓時間軸區的搜尋列進入搜尋狀態，可用關鍵字搜尋想使用的功能。

⓲ Add Footage to Comp〈**增加素材到合成**〉：點擊後，會將當下選取的素材，加入到 Composition（合成）的圖層裡。

⓳ New Comp from Selection〈**從 Selection 新增合成**〉：點擊後，會將在 project 選取的素材，打包成一個新的 Composition（合成）的圖層。

⓴ Dependencies〈**素材管理**〉：點擊後，會出現選單，可以選擇將所有素材打包並另存新檔，或是刪除沒用到的素材等。【註：共包含：Collect Files 收集文件、Consolidate All Footage 整合所有素材、Remove Unused Footage 刪除未

使用素材、Reduce Project 減少項目、Find Missing Fonts 尋找遺失的字型，以及 Find Missing Footage 尋找遺失的素材。】

㉑ Watch Folder〈**查看資料夾**〉：點擊後，可開啟資料夾視窗，並選擇資料夾進行檢視。

㉒ Scripts〈**腳本**〉：點擊後，會出現選單，裡面可以啟動或是匯入腳本（加快 After Effects 工作速度的小程式）。

㉓ Create Proxy〈**創造代理**〉：有時匯入的影片素材檔案過大，在合成時會耗太多時間，所以會將這個素材轉成一個較小的檔案作為替代，而 Create Proxy 的功能就是製作一個替代檔案。【註：若製作完替代檔案，在 Project 裡的替代檔案素材旁，就會出現一個灰框，按下去可以切換檔案大小。】

㉔ Set Proxy〈**設定代理**〉：選取 project 中的素材後，再點擊此按鈕，可從電腦裡選擇由 Create Proxy 製作出較小尺寸的替代檔案，來替代選取的素材，目的是為了讓編輯過程更流暢。

㉕ Interpret Footage〈**解釋素材**〉：選取 project 中的素材後，再點擊此按鈕，可察看當下素材的細節資訊，例如：影片的影格。

㉖ Replace Footage〈**取代素材**〉：選取 project 中的素材後，再點擊此按鈕，可將選取的素材置換成新指定的素材。

㉗ Reload Footage〈**重新載入素材**〉：如果素材有更改，但開啟 After Effects 後，當下在 After Effects 裡卻沒顯示出更改完的素材，就可以點擊此按鈕，以重新載入，更新素材樣貌。

㉘ License〈**許可證**〉：點擊後，可查看 After Effects 的正本序號。

㉙ Reveal in Explorer〈**在檔案總管中顯示**〉：選取 project 中的素材後，再點擊此按鈕，會跳出顯示檔案位置的資料夾視窗，以查看當下選擇素材的來源。

㉚ Reveal in Bridge〈**在 Bridge 中顯示**〉：選取 project 中的素材後，再點擊此按鈕，會跳出顯示檔案位置的 Bridge 視窗，以查看當下選擇素材的來源。

㉛ Project Settings〈**檔案設定**〉：點擊後，會出現視窗，可對 AE 的專案進行設定，例如：專案內容設定、顯卡設定、專案時間影格調整、色彩位元、色彩模式、聲音取樣率等。

㉜ Exit〈**離開**〉：點擊後，會關閉 AE。

點擊「Edit」後的畫面及說明

❶ Undo〈回到上一步〉：點擊後，可使 AE 回到上一步的操作狀態，且 Undo 後面的文字會顯示上一步的操作狀態是什麼。

❷ Redo〈重做下一步〉：點擊後，可使 AE 在回到上一步後，重新進入下一步，且 Redo 後面的文字會顯示下一步的操作狀態是什麼。

❸ History〈歷史記錄〉：點擊後，會出現選單，呈現使用者最近幾次在 AE 中編輯的步驟。

❹ Cut〈剪下〉：點擊後，可剪下目前選取的圖層。

❺ Copy〈複製〉：點擊後，可複製目前選取的圖層。

❻ Copy with Property Links〈和屬性連結一起複製〉：點擊後，可將目前選取的圖層，連同圖層中的屬性連結一起複製。

❼ Copy with Relative Property Links〈相對屬性連結複製〉：點擊後，可將目前選取的圖層，連同圖層中的相對屬性連結一起複製。

❽ Copy Expression Only〈僅複製表達式〉：選取圖層下有做表達式的選項，點擊後，可拷貝表達式。

❾ Paste〈貼上〉：點擊後，可貼上已複製的圖層。

❿ Clear〈清除〉：點擊後，可清除目前選取的圖層。

⓫ Duplicate〈重複〉：點擊後，可複製目前選取的圖層，並在同一個合成中貼上複製的圖層。

⓬ Split Layer〈拆分圖層〉：點擊後，可以當下的時間位置，切分已選擇的圖層，並將圖層一分為二。

⓭ Lift Work Area〈提升工作區域〉：先在時間軸上選擇一段工作區，再點擊此按鈕，就能移除時間軸上工作區內的圖層，且工作區外的圖層不受影響。【註：指時間軸上，後段的影片不會自動往前接續遞補。】

⓮ Extract Work Area〈擠壓工作區〉：先在時間軸上選擇一段工作區，再點擊此按鈕，就能移除時間軸工作區內的圖層，且後段的影片會自動往前接續。

⑮ Select All〈全選〉：點擊後，可將目前合成中的圖層全部選取。

⑯ Deselect All〈取消全選〉：點擊後，可將目前合成中的圖層全部取消選取。

⑰ Label〈標籤〉：點擊後，可改變目前選取的圖層標籤顏色。

⑱ Select Keyframe Label Group〈選擇關鍵影格標籤群組〉：點擊後，可將時間軸視窗中，相同色標的圖層一次選取起來，之後可以一起改變色標顏色。

⑲ Purge〈清理〉：點擊後，可選擇清理記憶體、硬碟等空間，使 AE 可以運行的更流暢。

⑳ Edit Original〈編輯原稿〉：點擊後，會自動開啟原檔來預覽編輯，例如：圖片就會開啟圖片預覽器來編輯圖片，影片則會開啟播放器進行最簡單的編輯。

㉑ Edit in Adobe Audition〈在 Adobe Audition 中編輯〉：點擊後，可打開 Adobe Audition 進行編輯。

㉒ Team Project〈團隊檔案〉：這個功能主要是透過雲端同步，提供檔案給不同編輯者做各項修訂。

㉓ Templates〈模版〉：點擊後，可設定輸出視窗的呈現項目。

㉔ Preferences〈偏好〉：點擊後，可透過選單，開啟 AE 的偏好設定視窗，以進行基本的設定。

㉕ Sync Settings〈同步設置〉：當使用者想使用兩台以上電腦進行作業時，可以利用此按鈕進行同步設置，並透過 Creative Cloud 的帳戶進行同步。

㉖ Keyboard Shortcuts〈鍵盤快捷鍵〉：點擊後，會出現視窗，可自行在鍵盤上設定 AE 不同功能的快捷鍵。

㉗ Paste Mocha mask〈貼上 Mocha 遮罩〉：當使用者在 Mocha 上做完遮罩追蹤後，匯出 Shape 到 AE 時，可按此按鈕，將 Shape 貼到圖層上。

COLUMN 03

點擊「Composition」後的畫面及說明

須先新增並選取一個 Composition（合成）後，下拉式選單中大部分的選項，才會變成可選擇狀態。

❶ New Composition〈新增合成〉：點擊後，可新增一個合成。【註：建立新合成的方法，請參考 P.239。】

❷ Composition Settings〈合成設定〉：點擊後，可更改目前選取的合成設定，例如：影片時長、影像尺寸等。

❸ Set Poster Time〈設定海報時間〉：點擊後，可將 Comp 在 Project 的預覽畫面，更改成當前工作視窗的預覽畫面。

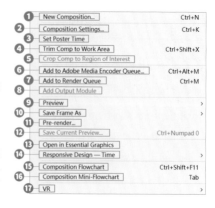

❹ Trim Comp to Work Area〈將合成剪下到工作區〉：先在時間軸上選取一段工作區，再點擊此按鈕後，就能直接剪下那段工作區。

❺ Crop Comp to Region of Interest〈剪下合成到目的地區域〉：點擊後，可裁切整體畫面尺寸。

❻ Add to Adobe Media Encoder Queue〈添加到Adobe Media Encoder佇列〉：點擊後，可將目前選取的合成添加到 Media Encoder 軟體中，並輸出檔案。【註：透過 Media Encoder 輸出的步驟，請參考 P.279。】

❼ Add to Render Queue〈添加到輸出佇列〉：點擊後，可將目前選取的合成添加到 AE 的輸出視窗後，並輸出檔案。【註：直接輸出的步驟，請參考 P.277。】

❽ Add Output Module〈添加到輸出模組〉：點擊後，可在輸出時的介面上，多增加一個 Output Module 設定。

❾ Preview〈預覽〉：點擊後，可預覽、播放目前選取的合成影像。

❿ Save Frame As〈將影格另存為〉：點擊後，可將時間軸上播放頭所在的影格另外儲存成圖檔，例如：psd 檔等。

⓫ Pre-render〈預合成輸出〉：先選取時間軸視窗中的 Comp 圖層（可同時選多個圖層），再點擊此按鈕，可將選取的圖層合併輸出成一個 Comp 圖層，並取代掉時間軸視窗中原本選取的 Comp 圖層，以加快原先 Comp 圖層在預覽畫面中播放的流暢度。

⓬ Save Current Preview〈儲存當前預覽〉：點擊後，可儲存當前的預覽畫面。

⓭ Open in Essential Graphics〈在基本圖形面板中開啟〉：在 Essential Graphics 視窗開啟目前選取的 Comp，而此視窗可以客製化 Comp 的小模板，方便編輯，例如：在同一個特效中，可以快速替換特效中的文字、顏色等，並可將小模板輸出儲存，再置入 Premiere 中使用。

⓮ Responsive Design－Time〈響應式設計〉：可先在一個 Composition（合成）中製作進出場動畫，並在時間軸上標示動畫進出場的位置，再將此 Composition（合成）放入另一個新的 Composition（合成）中，此時不僅可看見動畫進出場的標示，也可直接調整動畫時間的長短。

⓯ Composition Flowchart〈合成流程圖〉：點擊後，可打開合成流程圖視窗進行編輯。

⓰ Composition Mini-Flowchart〈合成微型流程圖〉：可打開合成微型流程圖，以選擇要進入的 Comp。

⓱ VR〈虛擬實境〉：可針對虛擬實境做編輯或輸出。

點擊「Layer」後的畫面及說明

須先新增並選取一個Layer（圖層）後，下拉式選單中大部分的選項，才會變成可選擇狀態。

❶ New〈新增〉：點擊後，可新增圖層。

❷ Layer Settings〈圖層設定〉：點擊後，可調整新增圖層的設定，例如：顏色。

❸ Open Layer〈開啟圖層〉：點擊後，可開啟圖層的編輯模式。【註：可在預覽區單獨看到此圖層，並可看到該圖層在專案時間軸裡的長度分布。】

❹ Open Layer Sources〈開啟圖層來源〉：點擊後，可在預覽區看到單獨此圖層素材。

❺ Reveal in Explorer〈在檔案總管中顯示〉：點擊後，會出現視窗，顯示該圖層素材的儲存位置。

❻ Mask〈遮罩〉：點擊後，可新增遮罩或調整、編輯遮罩。

❼ Mask and Shape Path〈遮罩及形狀路徑〉：點擊後，可編輯遮罩，能將遮罩調整成圓弧節點或群組等。

⑧ Quality〈品質〉：點擊後，可選擇圖層品質的顯示方式（低、中、高品質）。

⑨ Switches〈開關〉：點擊後，可開啟或關閉目前選取圖層的功能，例如：鎖定圖層、只單獨顯示該圖層等。

⑩ Transform〈變換〉：點擊後，可設定目前選取圖層的基本屬性，例如：對齊物件擺放的位置、設定基本屬性的關鍵影格動畫等。

⑪ Time〈時間〉：點擊後，可針對此圖層的時間長度進行編輯。

⑫ Frame Blending〈影格混合〉：點擊後，可將選取的動態影像素材進行變速時的調整，以使素材的動態更流暢自然。

⑬ 3D Layer〈3D 圖層〉：點擊後，可使目前選取的圖層變成 3D 圖層。

⑭ Guide Layer〈導引圖層〉：點擊後，可使目前選取的圖層變成用於標記提示的圖層，所以輸出後，並不會出現此圖層。

⑮ Environment Layer〈環境圖層〉：將 HDRI 的圖片置入 AE，並點擊此功能，可模擬 3D 的 HDRI 環境光源。

⑯ Markers〈標記〉：點擊後，可在目前選取圖層的時間軸上新增標記點。

⑰ Preserve Transparency〈保持透度〉：先在時間軸工作區至少放置兩個圖層，然後選擇上方的圖層，再點擊此按鈕，就能使套用此功能的圖層，依據下層的圖層形狀來顯示素材，有點類似遮罩的概念。

⑱ Blending Mode〈圖層混合模式〉：先選擇一個圖層後，再點擊此按鈕，會出現選單，可選擇欲用在所選取圖層上的混合模式效果。

⑲ Next Blending Mode〈下一個混合模式〉：點擊後，可以直接換成 Blending Mode 中的下一個模式，而不用進入 Blending Mode 中找下一個模式。

⑳ Previous Blending Mode〈上一個混合模式〉：點擊後，可以直接換成 Blending Mode 中的上一個模式，而不用進入 Blending Mode 中找上一個模式。

㉑ Trace Matte〈追蹤遮罩〉：點擊後，會出現選單，可選擇當下圖層要使用的遮罩類型，例如：透明圖層遮罩或亮度遮罩。【註：須先建立另一個準備做成遮罩的圖層，此功能才會變成可選擇狀態。】

㉒ Layer Styles〈圖層樣式〉：點擊後，可針對選取的圖層，增加圖層的陰影或是編框、色彩覆蓋、漸層等。

㉓ Arrange〈排列〉：點擊後，會出現選單，可重新排列圖層的上下順序。

㉔ Reveal〈顯示〉：點擊後，會針對當下所選擇的素材，讓它顯現出資料夾來源，或位於 Project 中的哪個位置。

㉕ Create〈創造〉：點擊後，會出現選單，可選擇讓文字或從Illustrator匯入的路徑，轉成形狀或遮罩。

㉖ Camera〈攝影機〉：點擊後，會出現選單，可選擇：①把攝影機3D化，移動時更清楚攝影機位置；②製作3D立體影像的攝影機；③新增一個Orbit Null圖層，讓攝影機跟隨Orbit Null圖層，所以只要移動Null位置，攝影機就會跟著跑；④～⑥設定攝影機的焦距距離；⑦重置3D立體影像的攝影機。

㉗ Auto-trace〈自動追蹤〉：點擊後，自動動態追蹤選擇的素材。

㉘ Pre-compose〈預合成〉：點擊後，可將目前選取的圖層製作成預合成。【註：預合成的說明，請參考P.270。】

㉙ Scene Edit Detection〈場景編輯檢測〉：點擊後，會自動檢測影片中的場景變化，並自動幫使用者做分段或做標記。

COLUMN 05

點擊「Effect」後的畫面及說明

由於特效是添加在Layer（圖層）上，因此須先選取一個Layer（圖層）後，下拉式選單中大部分的選項，才會變成可選擇狀態。

❶ Effect Controls〈特效控制〉：點擊後，可開啟Effect Controls的視窗，進行各項特效參數的調整，或設定特效的關鍵影格動畫。

❷ 最近一次使用者選用的特效名稱：此處會出現最近一次使用者所選擇的特效，以方便下次要使用時，可直接點擊此處，而不用再次尋找。

❸ Remove all〈全部移除〉：點擊後，可將目前選取圖層中的特效全部移除。

❹ 各種特效選擇：點擊後，可從不同選項的選單中，選擇欲套用在目前選取圖層的特效。

點擊「Animation」後的畫面及說明

❶ Save Animation Preset〈儲存動畫預設〉：點擊後，可儲存自己做的動畫設定，並作為模板使用。

❷ Apply Animation Preset〈將動畫預設應用於〉：點擊後，可加入想使用的動畫預設。

❸ Recent Animation Presets〈最近動畫預設〉：點擊後，會看到最近使用過的動畫預設。

❹ Browse Presets〈瀏覽預設〉：點擊後，會看到預設（Presets）裡的所有資料。

❺ Add Keyframe〈添加關鍵影格〉：先選擇欲增加的關鍵影格，再將代表播放影片時間的記號拖曳到想增加影格的位置，並點擊此按鈕，就會在時間軸上出現新增的關鍵影格。

❻ Toggle Hold Keyframe〈切換定格關鍵影格〉：先選取一個關鍵影格，再點擊此選項後，會切換關鍵影格的屬性，且關鍵影格的形狀會改變。

❼ Keyframe Interpolation〈關鍵影格插值〉：先選取一個關鍵影格，再點擊此選項後，可以改變關鍵影格的參數曲線。

❽ Keyframe Velocity〈關鍵影格速度〉：先選取一個關鍵影格，再點擊此選項後，可以改變關鍵影格的參數速度。

❾ Keyframe Assistant〈關鍵影格輔助〉：先選取一個關鍵影格，再點擊此選項後，會有輔助影格的選項可以選，例如：緩進、緩出等。

❿ Add Property to Essential Graphics〈添加屬性在基本圖形面板〉：先選取一個關鍵影格，再點擊此選項後，會在基本圖形面板中開啟，且可進行調整。

⓫ Animate Text〈文字動畫〉：點擊後，出現的選單內，有關於將文字做成動畫的選項，例如：位置、大小、旋轉等。

⓬ Add Text Selector〈添加文本選擇器〉：點擊後，可選擇要增加範圍、抖動、運算式等。

⓭ Remove All Text Animators〈移除所有的文本動畫器〉：點擊後，會移除所有在文字上的動畫的設定和關鍵影格。

⓮ Add Expression〈添加表達式〉：點擊後，可在關鍵影格裡添加表達式。

⑮ Separate Dimensions〈分離維度〉：先選取關鍵影格，再點擊此選項後，會將原本的動畫影格設定再細分出 X、Y、Z 等細項，並可針對特定細項進行設定。

⑯ Track Camera〈追蹤攝影機〉：針對影片點擊後，會在 Effect 面板裡出現 3D Camera Tracker，可用來做動態追蹤。

⑰ Track in Boris FX Mocha〈AE 中追蹤〉：針對影片點擊後，會在 Effect 面板出現 Mocha，可用來做追蹤。

⑱ Warp Stabilizer VFX〈變形穩定器 VFX〉：針對影片點擊後，會在 Effect 面板出現變形穩定器（Warp Stabilizer），可針對影片的穩定，防晃動做調整。

⑲ Track Motion〈追蹤運動〉：針對影片點擊後，會在 Effect 面板出現 Tracker Motion，可用來追蹤影片。

⑳ Track Mask〈追蹤遮罩〉：點擊後，以當下的遮罩為追蹤範圍，進行追蹤。

㉑ Track this Property〈追蹤此屬性〉：點擊後，可追蹤當前所選的屬性動作。

㉒ Reveal Properties with Keyframes〈顯示關鍵影格的屬性〉：點擊後，可顯示所選圖層的所有關鍵影格。

㉓ Reveal Properties with Animation〈顯示動畫的屬性〉：點擊後，除了顯示所選圖層的所有關鍵影格，還會顯示表達式。

㉔ Reveal All Modified Properties〈顯示所有修改的屬性〉：點擊後，會顯示所選圖層相關的所有修改屬性。

點擊「View」後的畫面及說明

❶ New Viewer〈新增檢視器〉：點擊後，會新增一個預覽區域。

❷ Zoom in〈放大〉：點擊後，可將合成畫面的預覽比例放大。

❸ Zoom Out〈縮小〉：點擊後，可將合成畫面的預覽比例縮小。

❹ Resolution〈解析度〉：點擊後，可設定合成畫面的預覽比例。

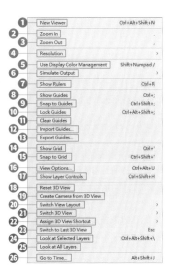

❺ Use Display Color Management〈**使用顯示色彩管理**〉：點擊後，會啟用顯示色彩管理，預設值為RGB，讓使用者可在不同系統觀看顏色，且可自由切換。

❻ Simulate Output〈**模擬輸出**〉：點擊後，透過選擇模擬顏色模式，可提前預覽顏色，為之後影片在不同設備上播放做準備。

❼ Show Rulers〈**顯示尺規**〉：點擊後，可在合成視窗中顯示或隱藏尺規。

❽ Show Guides〈**顯示輔助線**〉：點擊後，可在合成視窗中顯示或隱藏輔助線。

❾ Snap to Guides〈**對齊到輔助線**〉：須先顯示輔助線，點擊此選項後，素材會自動貼齊輔助線。

❿ Lock Guides〈**鎖定輔助線**〉：點擊後，會鎖定輔助線，讓輔助線不會被使用者不小心移動位置。

⓫ Clear Guides〈**清除輔助線**〉：點擊後，會清除預覽畫面上的輔助線。

⓬ Import Guides〈**匯入輔助線**〉：點擊後，可匯入之前儲存的輔助線檔案。

⓭ Export Guides〈**匯出輔助線**〉：點擊後，可匯出當前的輔助線，並存成檔案。

⓮ Show Grid〈**顯示網格**〉：點擊後，可在合成視窗中顯示或隱藏網格。

⓯ Snap to Grid〈**對齊到網格**〉：先顯示網格，點擊後，素材會自動貼齊網格。

⓰ View Options〈**視圖選項**〉：點擊後，會出現視窗，並可在合成視窗中選擇要顯示或隱藏的項目。

⓱ Show Layer Controls〈**顯示圖層控制項**〉：點擊後，會顯示或隱藏當下選取圖層的邊框。

⓲ Reset 3D View〈**重置 3D 視圖**〉：點擊後，會將相機回到預設值。

⓳ Create Camera from 3D View〈**創建當前 3D 視角相機**〉：點擊後，會根據當前的 3D 圖層視角，在時間軸中創建一個相機。

⓴ Switch View Layout〈**切換預覽視窗排版**〉：點擊後，可切換合成的預覽視窗畫面數量。

㉑ Switch 3D View〈**切換 3D 視圖**〉：點擊後，可切換合成的預覽畫面的 3D 視角。

㉒ Assign 3D View Shortcut〈**分配 3D 預覽視窗快捷鍵**〉：點擊後，可快速切換預覽視窗的 3D 視圖相機視角。

㉓ Switch to Last 3D View〈**切換到上一個 3D 視圖**〉：點擊後，可切換到上次的 3D 視圖相機視角。

㉔ Look at Selected Layers〈**查看選定圖層**〉：點擊後，視角會只查看目前選取的 3D 圖層。

㉕ Look at All Layers〈查看所有圖層〉：點擊後，視角會回到能查看的所有圖層。

㉖ Go to Time〈轉到時間〉：點擊後，會跳出時間視窗，輸入時間點後，預覽畫面就會顯示指定時間的畫面。

點擊「Window」後的畫面及說明

使用者可從此選單中選擇在AE介面上顯示或隱藏各種功能的工作視窗。

在Window的選單中，有打勾的選項為「目前已顯示在介面上的功能視窗」；沒打勾的選擇則是「目前隱藏中的功能視窗」。只要在選項上以滑鼠左鍵點擊一次，即可改變該功能視窗的顯示狀態或隱藏狀態。

點擊「Help」後的畫面及說明

❶ About After Effects〈關於 After Effects〉：點擊後，會出現視窗，顯示關於 AE 的資訊；只要點擊視窗，就能將視窗關閉。

❷ After Effects Help〈After Effects 幫助〉：點擊後，會連結到 Adobe After Effects 的網路說明書。

❸ After Effects In-App Tutorials〈After Effects 應用內教程〉：點擊後，會出現 Learn 的教學視窗。

❹ After Effects Online Tutorials〈After Effects 線上教程〉：點擊後，會出現線上 Adobe 教學影片，可以觀看如何操作 After Effects。

❺ Scripting Help〈腳本幫助〉：點擊後，會連結到如何使用 Script 的 Adobe 線上說明教學網頁。

❻ Expression Reference〈表達式引用〉：點擊後，會連結到如何使用表達式的 Adobe 線上說明教學網頁。

❼ Effect Reference〈特效參考〉：點擊後，會連結到介紹特效的 Adobe 線上說明教學網頁。

❽ Animation Presets〈動畫預設〉：點擊後，會連結到如何使用 Animation Presets 的 Adobe 線上說明教學網頁。

❾ Keyboard Shortcuts〈鍵盤快捷鍵〉：點擊後，會跳轉至 Adobe 網站中關於如何在 AE 設定鍵盤快捷鍵的說明頁面。

❿ System Compatibility Report〈系統兼容性報告〉：點擊後，會出現視窗，可呈現關於系統兼容性問題的報告內容。

⓫ Enable Logging〈啟用日誌記錄〉：點擊後，就會啟用日誌紀錄功能，而當 AE 有出現 Crash（當機）的狀況，就會自動被編輯在日誌上，可提供查閱。

⓬ Reveal Logging File〈顯示日誌檔〉：點擊後，會出現日誌檔案。

⓭ Online User Forums〈線上使用者論壇〉：點擊後，會跳轉至 Adobe 網站中的線上使用者論壇頁面。

⓮ Provide Feedback〈提供回饋〉：點擊後，會跳轉至 Adobe 網站中能讓使用者輸入建議的頁面。

⓯ Manage My Account〈管理我的帳戶〉：點擊後，會跳轉至 Adobe 網站中已登入的個人空間頁面。

⓰ Sign Out〈登出〉：點擊後，可登出 Adobe 的帳戶。

⓱ Updates〈更新〉：點擊後，若有新版本的 AE，會進行更新。

⌗02 工具列

工具列位於菜單的下方，此處有許多工具可對合成的主畫面進行編輯，例如：在影像畫面上繪製幾何圖形、增加文字、選取繪製的物件等。

 · · ·

❶ Home：點擊後，會跳出 Home 的視窗。

❷ 選取工具：點擊後，可選取合成畫面中的物件。

❸ 拖曳工具：點擊後，可拖曳合成畫面的位置。

❹ 縮放工具：點擊後，可透過滑鼠滾輪縮放合成畫面的大小比例。

❺ 環繞相機工具：點擊後，可運用相機前方為中心點，進行旋轉移動。

❻ 延 XY 軸移動相機工具：點擊後，相機可沿著 X 軸或 Y 軸移動。

❼ 延 Z 軸移動相機工具：點擊後，相機可沿著 Z 軸移動。

❽ 旋轉工具：點擊後，可旋轉被選取的物件。

❾ 中心點工具：點擊後，可調整物件的中心點位置。

❿ 圖形工具：點擊後，可在合成畫面中繪製圖形。【註：繪製幾何圖形的步驟，請參考 P.244。】

⓫ 鋼筆工具：點擊後，可在合成畫面中繪製路徑、形狀，並可搭配 Mask 功能製作遮罩等。

⓬ 文字工具：點擊後，可在合成畫面中增加文字。

⓭ 筆刷工具：點擊後，可在圖層中進行繪製。

⓮ 印章工具：點擊後，可複製畫面的一部分作為印章，並將複製的部分像蓋印章般，覆蓋在畫面上不同的地方。

⓯ 橡皮擦工具：點擊後，可在圖層中擦除已繪製的筆刷。

⓰ 動態筆刷工具：點擊後，可在影像中描出欲去背的人事物輪廓，以製作動態影像的去背效果。

⓱ 圖釘工具：點擊後，可在圖面上新增動畫關節的節點，並任意變化關節的動作，以製作動畫。

⓲ 本地軸模式：點擊後，可以 3D 圖層的表面對齊為軸心點。

⓳ 世界軸模式：點擊後，軸心是對齊當前的合成視窗的 3D 空間，所以當圖層旋轉時，軸心並不會移動。

⓴ 預覽軸模式：點擊後，可以當前所選的預覽畫面為主，和當前的圖層對齊為軸心。

㉑ Snapping〈對齊〉：點擊後，可搭配中心點工具，協助使用者找到物件正中心的位置。

㉒ 延伸對齊：點擊後，可根據與其他物件做對齊的延長參考虛線，藉此決定要如何放置物件。

㉓ **節點對齊**：點擊後，在預覽畫面上拖動圖層時，會自動決定要根據畫面上的哪一個部分來自動貼齊，但拖動時沒有延長虛線可以參考。

㉔ **其他功能的視窗**：點擊後，會切換至被點擊的功能視窗。

㉕ **其他功能的視窗的選單**：點擊後，出現的選單內會出點選其他設定時，對應的功能選單。

㉖ **同步設定**：點擊後，會出現同步設定管理視窗，可設定連線或是其他細項。

㉗ **搜尋列**：可輸入關鍵字進行搜尋，會跳至 Adobe 官網中與搜尋字詞相關的說明頁面。

專案視窗

專案視窗位於介面左側，此處可以匯入檔案、新增合成、新增圖層、刪除檔案等；當有圖層套用特效，且須調整特效時，特效控制的視窗也會顯示在此位置。

❶ **專案視窗上半部**：會呈現在❸素材庫中所選取的檔案資訊。

❷ **搜尋列**：輸入關鍵字後，可在❸素材庫中快速找到檔案。

❸ **素材庫**：會呈現已匯入的檔案或已建立的合成。

❹ **合成流程圖**：點擊後，會出現視窗，並顯示同一個 AE 檔中，素材庫中所有檔案間的流程關係圖。

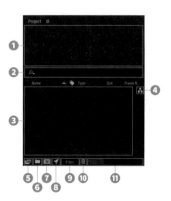

❺ **詮釋素材**：點擊後，會出現視窗，可更改素材的一些細項設定。

❻ **新增資料夾**：點擊後，可在素材庫新增資料夾。

❼ **新增合成**：點擊後，可新建立一個合成。【註：透過 icon 建立的步驟，請參考 P.243。】

❽ **專案設定**：點擊後，會出現 Project setting 的視窗。

⑨ **色彩深度**：點擊後，可更改色彩深度，有8bit、16bit、32bit等選項供選擇。

⑩ **垃圾桶**：點擊後，可將素材庫中選取的檔案刪除。

⑪ **素材庫視窗的滑桿**：透過左右拖曳滑桿，可讓素材庫的視窗呈現左或右半部。

^{Section} **04** # 合成視窗

此為新增或預覽合成畫面的區域，位於整體介面的中間位置，以下兩張圖分別為新增合成前及新增合成後的截圖畫面。關於新增合成的方法，請參考P.239。

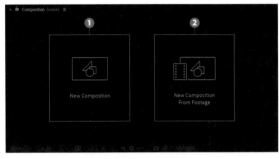

▲ 新增合成前的合成視窗。

① **新增合成**：點擊後，可新增合成，適用於製作圖形動畫。

② **從檔案新增合成**：點擊後，可開啟影像檔案，並將影像檔案建立為新合成，適用於後製影片。

③ **合成畫面**：可呈現目前編輯出的合成影像。

▲ 新增合成後的合成視窗。

④ **預覽顯示百分比**：點擊後，會出現選單，可調整合成畫面顯示的％比例。

⑤ **預覽解析度選項**：點擊後，會出現選單，可調整合成畫面的辨識率，而辨識率越高，預覽的畫面會越清晰，同時軟體運行時所占用的資源也越大。

⑥ **快速預覽**：點擊後，可選擇合成預覽的方式。

⑦ **切換透明網格**：點擊後，合成畫面會呈現代表透明的灰白相間方格。

⑧ **切換遮罩和形狀路徑可見性**：未開啟此功能時，無法看見素材所使用的遮罩形狀路徑；開啟後，就能看見素材的遮罩形狀路徑。

⑨ **裁切合成版面**：點擊後，可將畫面裁切成合適的合成預覽區域。

⑩ **參考線選項**：點擊後，會出現選單，可選擇是否顯示尺規、網格、輔助線等工具。

⑪ **色彩模式**：點擊後，可選擇不同的色彩模式。

⑫ **曝光值**：點擊後，可調整體的亮度。

⑬ **快拍**：點擊後，快拍當前的預覽到暫存記憶體裡。

⑭ **預覽快拍**：點擊後，可看到先前快拍的畫面。

⑮ **時間**：預覽播放畫面時，會顯示當下畫面的播放時間。

Section 05　編輯區視窗

編輯區視窗位於介面右側，使用者可透過菜單中的「Window」選擇顯示或隱藏不同的功能視窗，並可自訂面板位置，而此處的視窗通常會包含能選取特效的視窗、能調整文字外觀的視窗等。

Section 06　時間軸視窗

時間軸視窗位於AE的下方，使用者可將素材庫中的檔案拉至此處變成新圖層，或是直接在此用選單建立空白的新圖層。另外，不論是製作關鍵影格動畫或套用特效，都是在此處製作。

❶ **合成的名稱**：此處會顯示當下正在製作的合成名稱。

❷ **時間**：此處會顯示播放頭㉓所在位置的時間。

❸ **搜尋列**：可在此處輸入關鍵字，查找欲尋找的圖層。

❹ **合成微型流程圖**：點擊後，可看到目前的微型流程圖。

❺ **隱藏**：點擊後，凡是圖層有此 icon 的標記，都會被隱藏起來。

❻ **影格混合**：點擊後，凡是圖層有點選 icon 的標記，此模式都會套用影格混合。

❼ **動態模糊**：點擊後，凡是圖層有點選 icon 的標記，此模式都會套用動態模糊。

❽ **影格動畫的曲線圖**：點擊後，時間軸區域會出現曲線圖，使用者可透過調整曲線的弧度等，改變動畫的細節，例如：加速、減速等。

❾ **圖層顯示**：眼睛亮著代表圖層顯示中，眼睛關掉等同於圖層不顯示。

❿ **聲音**：喇叭亮著代表聲音開啟中，喇叭關閉代表此圖層不出聲音。

⓫ **Solo 開關**：可讓被選取的圖層單獨顯示。

⓬ **鎖定圖層**：可將被選取的圖層鎖定或解除鎖定。

⓭ **圖層的標籤**：每個圖層都可設定標籤的顏色，以便使用者分辨不同圖層。

⓮ **素材名稱**：點擊後，可切換名稱來源為當前圖層名稱，或素材的檔案名稱。

⓯ **隱藏 icon**：當❺啟動後，點擊此 icon，該圖層就會隱藏起來。

⓰ **優化**：當目前圖層是 Comp 時，會保留 3D 的訊息，不會讓 2D 的物件邊緣不見；當目前圖層是向量圖層時，則會自動調整成適合目前的解析度，提升品質。

⓱ **顯示品質**：點擊後，可依個人需求，選擇此圖層的品質顯示方式。

⓲ **特效**：點擊後，可切換關閉或打開此圖層特效。

⓳ **影格混合**：當❻啟動後，若影格與目前 Comp 的速率不同步時，點擊此 icon，會有兩種混合模式可以選，一種是影格混合，另一種是像素動態。

⓴ **動態模糊**：當❼啟動後，點擊此 icon，移動的物件就會增添動態模糊效果。

㉑ **調整圖層**：將當前的圖層設定為調整圖層。

㉒ **3D**：可使圖層變成 3D 的圖層。

㉓ **播放頭**：使用者可隨時將播放頭移動至須編輯的時間軸位置，以設定動畫的關鍵影格。

㉔ **影片時長**：可自行設定影片的開頭及結束的時間點，並會成為預覽播放影片及輸出影片時的影片具體時長。

㉕ **圖層總時長**：為圖層的影片總時長。

㉖ **縮放時間軸**：可縮小或放大時間軸的間隔單位。

⓪2 匯入檔案的方法

HOW TO IMPORT FILES

　　將檔案匯入 AE 的方法，可分為：❶「從菜單匯入」，以及❷「從專案視窗匯入」，以下分別說明。

Section 01 從菜單匯入

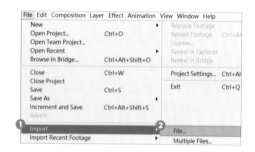

01

點擊「File」，出現下拉式選單。

02

先點擊❶「Import」，出現選單，再點擊❷「File」。

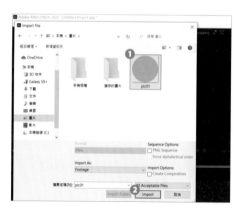

03

出現視窗，先點擊❶「欲匯入 AE 的檔案」，再點擊❷「Import」。

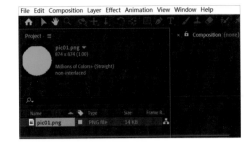

04

檔案匯入完成。

Section
02　**從專案視窗匯入**

　　從專案視窗匯入檔案的方法，可再細分為：❶「透過選單匯入」及❷「透過資料夾視窗匯入」，以下分別說明。

METHOD 01　**透過選單匯入**

M101

以滑鼠右鍵❶「點擊專案視窗下方的區域一次」，會出現❷「選單」。

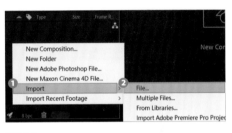

M102

先點擊❶「Import」，出現選單，再點擊❷「File」。

M103

出現視窗，先點擊❶「欲匯入AE的檔案」，再點擊❷「Import」。

M104

檔案匯入完成。

M201

以滑鼠左鍵快速點擊專案視窗下方的區域兩次。

M202

出現視窗，先點擊❶「欲匯入 AE 的檔案」，再點擊❷「Import」。

M203

檔案匯入完成。

AE 可匯入的常用檔案類型說明

使用者可在 AE 中匯入靜態圖片、動態影像、聲音等素材檔案，或是其他 Adobe 軟體的專案檔。關於更多 AE 可匯入檔案格式的詳細資訊，可參考 Adobe 官網的說明。

▲ AE 可支援的
文件格式說明
QRcode

◆ 可匯入的靜態圖片檔案格式：JPEG（JPG）；PNG；GIF；Adobe Illustrator（AI、EPS、PS）；Adobe PDF；Adobe Photoshop（PSD）、Camera raw（TIF、CRW、NEF、RAF、ORF、MRW、DCR、MOS、RAW、PEF、SRF、DNG、X3F、CR2、ERF）等。

◆ 可匯入的動態影像檔案格式：GIF；QuickTime（MOV）；MPEG-4（MP4、M4V）；Video for Windows（AVI）；Windows Media（WMV、WMA）等。

◆ 可匯入的聲音檔案格式：MP3（MP3、MPEG、MPG、MPA、MPE）；Waveform（WAV）等。

03 建立新合成的方法

CREATE NEW COMPOSITION METHODS

　　在AE中建立新合成，可分為：❶「從合成區建立」，以及❷「從專案視窗建立」，以下分別說明。

Section 01 從合成區建立

01

點擊「New Composition」。

02

出現視窗，輸入專案的名稱。【註：可自行命名。】

03

點擊Preset的❶「∨」，出現下拉式選單，選擇❷「影像尺寸」後，跳至步驟5。【註：為系統預設可直接選擇的尺寸，若想自行設定，可跳至步驟4。】

04

輸入欲自行設定的影像❶「寬度」及❷「高度」。【註：若不想維持固定的長寬比例，須取消勾選❸「Lock Aspect Ratio to 16:9(1.78)」。】

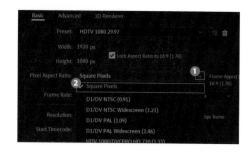

05

先點擊 Pixel Aspect Ratio 的❶「∨」，出現下拉式選單，再點擊❷「欲選擇的像素比例」。

06

可點擊 Frame Rate 的❶「∨」，跳至步驟7；或任意❷「輸入數值」，設定影格速率後，跳至步驟8。

07

出現下拉式選單，點擊欲選擇的影格速率，並跳至步驟8。【註：傳統 NTSC 電視系統是29.97fps；若是3D動畫會使用30fps，設定時須視專案預計播放的格式。】

08

先點擊 Resolution 的❶「∨」，出現下拉式選單，再點擊❷「欲設定的選項」，以設定合成的預覽畫質。【註：此以「Full」為例；預覽畫質可依個人電腦效能而定。】

09

點擊「Start Timecode」，輸入影片的開始時間。【註：時間單位為小時、分、秒、微秒。】

10

點擊「Duration」，輸入影片的結束時間。【註：預設的影片時長為30秒。】

11

可點擊 Background Color 的❶「檢色器」，跳至步驟12；或使用❷「滴管工具」，直接吸取畫面上欲使用的顏色後，跳至步驟13。

12

出現視窗，先點擊❶「欲使用的影片背景顏色」，再點擊❷「OK」。

13

確認完成後，點擊「OK」。

14

如圖，❶新合成建立完成。【註：此時工具列會被啟用，下方會多一條❷「時間軸」。】

從菜單建立

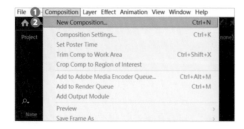

01

先點擊❶「Composition」，出現下拉式選單，再點擊❷「New Composition」。

02

出現視窗，重複 P.239 的步驟 2-13，進行合成的設定。

03

如圖，❶新合成建立完成。【註：此時工具列會被啟用，下方會多一條❷「時間軸」。】

從專案視窗建立

　　從專案視窗建立新合成的方法，可再細分為：❶「透過選單建立」及❷「透過 icon 建立」，以下分別說明。

METHOD 01　透過選單建立

M101

以滑鼠右鍵❶「點擊專案視窗下方的區域一次」，會出現❷「選單」。

M102
點擊「New Composition」。

M103

出現視窗,重複 P.239 的步驟 2-13,進行合成的設定。

M104

如圖,❶新合成建立完成。【註:此時工具列會被啟用,下方會多一條❷「時間軸」。】

METHOD 02　透過icon建立

M201

點擊「」。

M202

出現視窗,重複 P.239 的步驟 2-13,進行合成的設定。

M203

如圖,❶新合成建立完成。【註:此時工具列會被啟用,下方會多一條❷「時間軸」。】

04 製作幾何圖形

關於繪製圖形的方法，以及圖形基本屬性的介紹，以下分別說明。

Section 01 繪製幾何圖形

使用者可使用AE工具列中的圖形工具，在建立合成後，繪製幾何圖形。

01

建立新合成（參考 P.239）後，先以滑鼠左鍵長按❶「■」，出現選單，再點擊❷「欲選擇的圖形」。

02

點擊「Fill」。【註：系統預設為「■」的填色模式，若不更改可跳至步驟4。】

03

出現視窗，點擊並更改❶「欲選擇的填色樣式」後，再點擊❷「OK」。

04

點擊 Fill 旁的「■」色框,以設定圖形中填充的顏色。

05

出現視窗,先點擊❶「欲設定的顏色」,再點擊❷「OK」。

06

點擊「Stroke」。【註:系統預設為「■」的填色模式,若不更改可跳至步驟8。】

07

出現視窗,先點擊❶「欲選擇的填色樣式」,再點擊「OK」。

08

點擊 Stroke 旁的「■」色框,以設定圖形外框線的顏色。

09

出現視窗,先點擊❶「欲設定的顏色」,再點擊❷「OK」。

10

點擊Stroke旁的數值，並輸入「數字」，以設定圖形外框線的粗細。

11

以滑鼠在合成區上拖曳出圖形，即完成幾何圖形製作。

Section 02 圖形的基本屬性介紹

　　AE中圖形的基本屬性包括：錨點（Anchor Point）、位置（Position）、縮放（Scale）、旋轉（Rotation）及透明度（Opacity）。【註：繪製幾何圖形的步驟，請參考 P.244。】

COLUMN 01

錨點（Anchor Point）

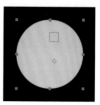

　　指一個圖形的軸心點，當使用者想要改變圖形的位置、縮放圖形的大小，或旋轉圖形的角度時，圖形都是以錨點為中心進行變化。

▲ 繪製圖形後，圖形上的「◇」為該圖形錨點。

改變錨點位置的方法

　　若欲改變錨點位置，須使用錨點工具。

01

繪製完圖形後，點擊該圖形的圖層。

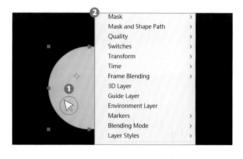

02

點擊「▦」。

03

以滑鼠左鍵長按，並拖曳錨點至使用
者欲設定的位置。

將錨點置中的方法

若欲將錨點對齊並置於圖層的中心點時，請參考以下步驟。

01

繪製完圖形後，點擊該圖形的圖層。

02

將滑鼠移至圖形上，並點擊❶「滑鼠
右鍵」，出現❷「選單」。

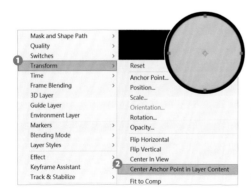

03

先點擊❶「Transform」，出現選單，再
點擊❷「Center Anchor Point in Layer
Content」，即完成錨點置中。

位置（Position）

指圖形在合成畫面上的位置。

改變圖形位置的方法

若欲改變圖形的位置，就須使用選取工具。

01

繪製完圖形後，點擊該圖形的圖層。

02

點擊「▶」。

03

以滑鼠左鍵長按，並拖曳圖形至使用者
欲設定的任意位置。

縮放（Scale）

指可任意改變圖形大小的功能。

縮放圖形大小的方法

若欲縮放圖形大小，就須使用選取工具。

01

繪製完圖形後，點擊該圖形的圖層。

02

點擊「▶」。

03

以滑鼠左鍵長按，並拖曳圖形周圍的藍色方塊，即可縮小或放大圖形。【註：若欲在縮放圖形時維持圖形的比例，須在拖曳藍色方塊的同時，按住「Shift鍵」，否則圖形會變形。】

旋轉（Rotation）

指可任意改變圖形旋轉角度的功能。

旋轉圖形角度的方法

若欲旋轉圖形角度，就須使用旋轉工具。

01

繪製完圖形後，點擊該圖形的圖層。

02

點擊「」。

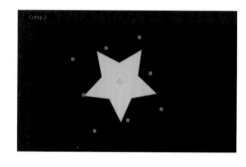

03

以滑鼠左鍵長按，並拖曳圖形至使用者欲設定的旋轉角度。

透明度（Opacity）

指圖形的顏色透明程度，透明度100%代表完全不透明、0%完全透明。

改變圖形透明度的方法

若欲改變圖形透明度，就須調整圖形圖層的透明度屬性。

01

繪製完圖形後，點擊該圖形圖層的「＞」。

02

出現選項，點擊 Transform 的「＞」。

03

出現圖形的五個基本屬性，點擊「Opacity」的欄位，並輸入欲設定的透明度數值；或是使用快捷鍵T，系統會直接跳出對應選項。

04

輸入透明度數值後，按下「Enter 鍵」後，即完成圖形的透明度設定。

圖形基本屬性的快捷鍵

若想在圖形的圖層中快速顯示出編輯基本屬性的項目，可將鍵盤輸入法換成英文後，以快捷鍵開啟。

圖形基本屬性	快捷鍵
錨點（Anchor Point）	A
位置（Position）	P
縮放（Scale）	S
旋轉（Rotation）	R
透明度（Opacity）	T

當點擊對應的快捷鍵後，系統會自動跳出對應的功能，使用者可直接輸入或使用。

▲ 以透明度為例，系統直接跳出對應選項。

05 製作關鍵影格動畫

CREATE A KEYFRAME ANIMATION

　　關鍵影格動畫為使用者在時間軸上，設定動作開始和結束的關鍵影格後，讓AE透過電腦運算的方式，產生動作開始和結束之間的動畫。

　　例如：使用者可在時間軸的第一秒設定圖形位置在「畫面左側的關鍵影格」，再於時間軸的第二秒設定圖形位置在畫面「右側的另一個關鍵影格」，即可製作出一段讓圖形從左側移動至右側的位移動畫。

Section 01　設定關鍵影格動畫

　　在AE中，不論任何選項，只要選項旁有顯示碼表圖案「◎」，就代表該選項可用來製作關鍵影格動畫。【註：繪製幾何圖形的步驟，請參考 P.244。】

▲ 有碼表圖案「◎」的項目範例。

　　以下的設定關鍵影格動畫，將以位置（Position）、旋轉（Rotation）這兩個基本屬性為例，分別呈現位移動畫、旋轉動畫的操作步驟。

旋轉動畫

01

繪製完圖形後，點擊該圖形的圖層。

02

使用快捷鍵「R」，出現旋轉（Rotation）的選項。

03

將播放頭拖曳至動畫預計開始的時間軸位置。【註：系統預設播放頭在0秒處。】

04

將圖形調整至動畫起始的預計角度。

05

點擊旋轉（Rotation）的「⏱」，以設定第一個關鍵影格。

06

進入❶「關鍵影格動畫的設定狀態」，❷「第一個關鍵影格」設定完成。

07

將播放頭拖曳至動畫「預計結束的時間軸位置」。

08

在旋轉選項輸入動畫結束時的「預計旋轉角度」。

09

按下❶「Enter鍵」，確認修改後，在時間軸會形成❷「第二個關鍵影格」。【註：若欲調整關鍵影格的動畫曲線，請參考 P.256 的步驟 9-14。】

10

將時間軸的編輯區域移動至動畫❶「開始」及❷「結束」的位置。【註：時間軸的編輯區域等於預覽時及輸出時的影片長度。】

11

將播放頭拖曳至動畫開始的時間軸位置。

12

按下「空白鍵」，即可預覽動畫播放時的畫面，旋轉動畫製作完成。【註：預覽時會不斷反覆播放畫面，若想停止播放，須再次按下空白鍵。】

位移動畫

01

繪製完圖形後，點擊該圖形的圖層。

02

使用快捷鍵「P」，出現位置（Position）的選項。

03

將播放頭拖曳至動畫預計開始的時間軸位置。【註：系統預設播放頭在0秒處。】

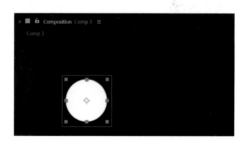

04

將圖形移至動畫的起始位置。

05

點擊位置（Position）的「⏱」，以設定第一個關鍵影格。

06

進入❶「關鍵影格動畫的設定狀態」，❷「第一個關鍵影格」設定完成。

07

將播放頭拖曳至動畫「預計結束的時間軸位置」。

08

按住滑鼠左鍵並 ❶「拖曳圖形至動畫的結束位置」，同時在時間軸上會形成 ❷「第二個關鍵影格」。

09

以滑鼠選取步驟6和8的關鍵影格，以製作緩進緩出的效果。【註：若在步驟9後，直接使用快捷鍵「F9」，會直接設定完緩進緩出的效果，跳至步驟14。】

10

點擊「 ⬚ 」。

11

出現位移動畫的圖表，點擊紅色線段。【註：紅色線段為圖形位移的速度線；斜直線代表從頭到尾速度一致。】

12

點擊「 ⬚ 」，使位移的線條變成曲線。【註：此曲線代表速度為逐漸加速再逐漸減速。】

13

點擊「▨」。

14

關閉位移動畫的圖表，緩動效果設定完成。【註：此時關鍵影格符號會改變形狀。】

15

將時間軸的編輯區域移動至動畫❶「開始」及❷「結束」的位置。【註：時間軸的編輯區域等於預覽時及輸出時的影片長度。】

16

將播放頭拖曳至動畫開始的時間軸位置。

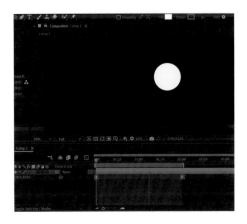

17

按下「空白鍵」，即可預覽動畫播放時的畫面，位移動畫製作完成。【註：預覽時會不斷反覆播放畫面，若想停止播放，須再次按下空白鍵。】

製作成循環動畫

當設定好第一組開始到結束的關鍵影格動畫後，就可透過在AE「輸入循環動畫的表達式」，讓整個合成從頭到尾都重複第一組設定的關鍵影格動畫，以製作出循環動畫，並成為VJ可使用的VJ Loop素材。以下步驟會以旋轉動畫為例，示範將旋轉動畫製作成循環動畫的步驟。

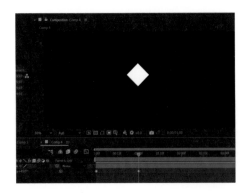

01

重複 P.255 的步驟 1-9，完成第一組的關鍵影格動畫設定。

02

按住 Alt 鍵，並點擊「▨」。

03

介面上出現指令的輸入框，並輸入「loopOut()」。【註：輸入過程中會出現選單，也可直接點擊欲設定的選項。】

04

將播放頭拖曳至動畫開始的時間軸位置。【註：系統預設播放頭在 0 秒處。】

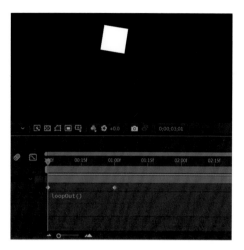

05

按下「空白鍵」，即可預覽動畫播放時的畫面，循環動畫製作完成。【註：預覽時會不斷反覆播放畫面，若想停止播放，須再次按下空白鍵。】

常用的循環指令（loop指令）介紹

通常循環指令會在loop後面加上In或Out，而變成loopIn()或loopOut()，其中loopIn()代表「在目前項目的第一個關鍵影格前」重複循環動畫，而loopOut()代表「在目前項目的最後一個關鍵影格後」重複循環動畫。

不論是loopIn()或loopOut()，都可以在()中，輸入另外的指令類型，例如：type = "cycle"、type="pingpong"、type = "offset" 等，藉此製作不同效果的循環動畫，以下用loopOut()舉例說明。

循環指令	指令的 中文名稱	代表含意
loopOut(type = "cycle")	單向循環	會讓動畫在最後一個關鍵影格結束後，立即接續第一個關鍵影格，並持續循環，形成類似重複播放同一個片段的動畫效果。【註：若()內沒有輸入任何字，製作出的動畫效果與輸入type = "cycle"相同。】
loopOut(type = "pingpong")	雙向循環	會讓動畫在第一個關鍵影格和最後一個關鍵影格間無限循環，形成類似「物體來回運動」的效果。
loopOut(type = "offset")	末段 累加循環	會讓動畫不斷延續最後一個關鍵影格的動作。

製作特效

MAKE SPECIAL EFFECTS

　　AE中有內建很多的特效可以使用，以下分別說明套用特效的方法、如何調整特效參數、雜訊特效的製作方法，以及常用的外掛特效。

Section 01　尋找並套用特效的方法

　　在AE中尋找特效的方法分為：❶「從菜單中尋找」，❷「從Effects & Presets視窗搜尋名稱」。以下運用「Fractal Noise」為例，示範不同的套用特效步驟。

METHOD 01　從菜單中尋找

M101

選取欲套用的圖層後，點擊「Effect」，出現下拉式選單。

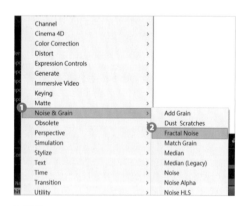

M102

先點擊❶「Noise & Grain」，出現選單，再點擊❷「Fractal Noise」，即完成特效套用。

METHOD 02 從 Effects & Presets 視窗搜尋名稱

M201

選取欲套用的圖層後，在編輯區 Effects & Presets 視窗中的搜尋列輸入「Fractal Noise」。

M202

點擊「Fractal Noise」。

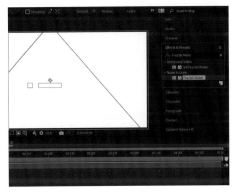

M203

以滑鼠長按並拖曳「Fractal Noise」至合成區，即完成特效套用。

Section 02 調整特效參數

　　在套用特效後，使用者就能從 Effect Controls 的視窗調整特效的參數，或是建立關鍵影格動畫，以製作自己心目中欲呈現出的視覺效果。

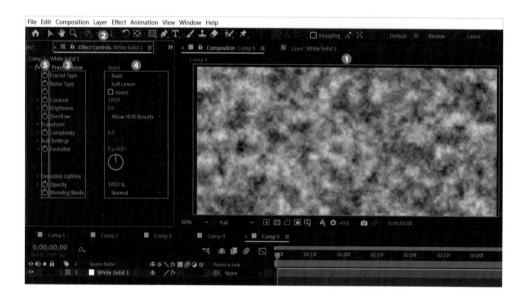

❶ 套用特效後畫面。

❷ 為 Effect Controls 視窗，而視窗中會呈現特效的可編輯項目。

❸ 為「特效的可編輯項目」，不同的特效會有不同的項目內容。

❹ 為「特效可編輯項目的編輯位置」，有些項目是透過輸入數值進行編輯；有些項目是透過下拉式選單來選擇欲呈的視覺效果。

❺ 只要是有碼表圖案「⏱」的項目，都能在時間軸上設定關鍵影格動畫。

Section 03 雜訊特效的製作方法

　　因為 AE 中的特效有上百個，所以新手可以盡情探索並熟悉每個特效能呈現的視覺效果，以方便在有需求時，能快速找到自己需要使用的特效種類。

　　至於製作特效的方法，此處以製作「雜訊」的視覺效果進行步驟示範。

01

建立一個新合成。【註：建立新合成的
步驟，請參考 P.239。】

02

點擊「Layer」，出現下拉式選單。

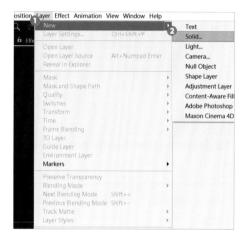

03

先點擊❶「New」，出現選單後，再點
擊❷「Solid」，以新增一個色塊圖層。

04

出現視窗，設定❶「圖層的名稱、顏色
等資訊」後，點擊❷「OK」。

05

新增完圖層後，在 Effects & Presets 視
窗搜尋「Fractal Noise」特效。

06

點擊「Fractal Noise」。

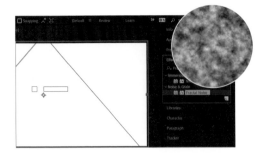

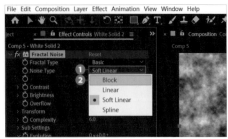

07

以滑鼠長按並拖曳「Fractal Noise」至合成區，即完成特效套用。

08

點擊 Noise Type 的 ❶「﹀」，出現下拉式選單，再點擊 ❷「Block」。

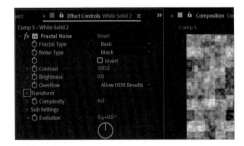

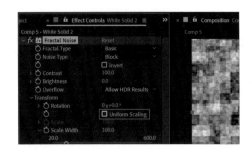

09

點擊 Transform 的「﹥」。

10

出現可編輯項目，取消勾選「Uniform Scaling」。

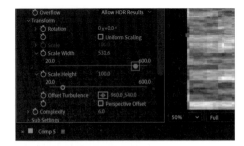

11

將「Scale Width」的滑桿往右移動，增加數值。

12

點擊圖層的「﹥」，以打開圖層中的詳細項目。

13

將播放頭拖曳至動畫預計開始的時間
軸位置。【註：系統預設播放頭在0秒
處。】

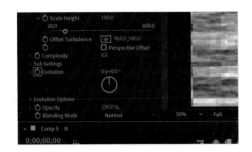

14

點擊 Evolution 的「🕐」，以設定第一個
關鍵影格。。

15

進入❶「關鍵影格動畫的設定狀態」，
❷「第一個關鍵影格」設定完成。

16

將播放頭拖曳至動畫「預計結束的時
間軸位置」。

17

在 Evolution 輸入數值❶「20」，以設
定雜訊的變化速度，同時在時間軸會
形成❷「第二個關鍵影格」。

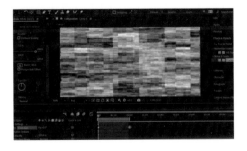

18

按下「空白鍵」，預覽動畫播放時的
畫面，雜訊動畫初步製作完成。【註：
預覽時會不斷反覆播放畫面，若想停止
播放，須再次按下空白鍵。】

19

找到並點擊製作雜訊動畫的圖層。

20

先以滑鼠右鍵點擊❶「步驟19的圖層」，出現選單後，再點擊❷「Pre-compose」。【註：Pre-compose是將圖層製作成「預合成」；關於預合成的詳細說明，請參考 P.270。】

21

出現視窗，輸入❶「預合成的名稱」後，點擊❷「OK」。【註：可自由命名；此處以「Glitch」為例。】

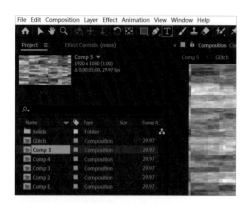

22

點擊「T」。

23

點擊合成畫面後，任意❶「輸入文字」。
【註：若欲改變文字的顏色、大小等設定，可在編輯區的❷「Character視窗」進行設定。】

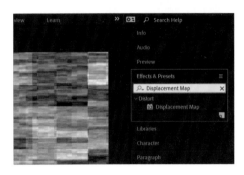

24

在Effects & Presets下方搜尋列中輸入「Displacement Map」，以搜尋特效。

25

點擊「Displacement Map」。

26

以滑鼠長按並拖曳「Displacement Map」至文字上。

27

特效套用完成，點擊❶「Displacement MapLayer」的第一個下拉式選單，點擊❷「步驟21命名的圖層」。

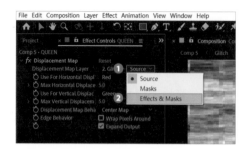

28

點擊 ❶「Displacement Map Layer」的第二個下拉式選單,點擊 ❷「Effects & Masks」。

29

點擊 Glitch 圖層的「◉」,將圖層從合成畫面中關閉。

30

點擊文字圖層的「＞」,以打開圖層中的詳細項目。

31

將播放頭拖曳至動畫預計開始的時間軸位置。【註:系統預設播放頭在 0 秒處。】

32

點擊 Max Horizontal Displacement 的「◉」,以設定第一個關鍵影格。

33

進入 ❶「關鍵影格動畫的設定狀態」,❷「第一個關鍵影格」設定完成。

34

將播放頭拖曳至動畫「預計結束的時間軸位置」。

35

在「Max Horizontal Displacement」輸入新的數值，以設定文字的最大水平位移。

36

按下 Enter 鍵，在時間軸會形成「第二個關鍵影格」。

37

重複步驟 32-36，在「Max Vertical Displacement」製作關鍵影格動畫，以設定最大垂直位移。

38

按下「空白鍵」，即可預覽動畫播放時的畫面，具有雜訊特效的文字製作完成。【註：預覽時會不斷反覆播放畫面，若想停止播放，須再次按下空白鍵；若將步驟 22-23 插入文字的步驟，改成從素材庫拖曳圖片或影片檔案至時間軸，即可製作具有雜訊特效的圖片或影片。】

Pre-compose稱為預合成或子合成，它能將一個或多個圖層打包起來，變成一個新的Composition，也會擁有自己的一組基本屬性。而將圖層製作成Pre-compose的好處，主要有以下兩點。

◆ 若同一個合成專案中有很多圖層，為了避免圖層混亂，可以將相關的圖層分組打包成Pre-compose（預合成），以進行分類、整理。

◆ 若想要針對一個或多個已經製作過動畫的圖層，再增加其他的關鍵影格動畫時，為了避免「新增的動畫設定」覆蓋掉「原本既有的動畫設定」，就可以將當下已經製作動畫的圖層，先打包成Pre-compose（預合成），再將新的關鍵影格動畫，設定在新的Composition上。

Section 04　常用的AE外掛特效介紹

除了AE內建的基本特效外，使用者也能自行添購其他外掛特效，並安裝至AE中使用，例如：Trapcode Particular（3D粒子插件），可讓使用者在AE中運用粒子製作出火、水、煙、雪等視覺效果；而預設裡的CC Mr. Mercury則可以製作出窗前的雨滴效果等。

若有興趣添購AE外掛特效，可在網路上以Video Copilot、Red Giant、BorisFX等關鍵字進行搜尋。

COLUMN 01

常見的外掛特效製作範例

以下示範使用CC Mr. Mercury製作出「窗前的雨滴效果」。

01

在 Composition Settings 的 視 窗 點 擊「OK」，建立一個新合成。【註：建立新合成的步驟，請參考 P.239。】

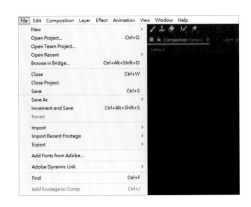

02

點擊「Flie」，出現下拉式選單。

03

先點擊 ❶「Import」，出現選單，再點擊 ❷「File」，在 Project 區匯入素材圖片。【註：匯入檔案的步驟，請參考 P.236。】

04

將素材圖片放入時間軸旁的工作區，形成第一個圖層。

05

選取步驟4的圖層，使用快捷鍵 Ctrl+C 複製圖層後，再按 Ctrl+V 貼上圖層，以複製出第二個相同的素材圖層。

06

點擊第一個圖層。

07

點擊「Effect」，出現下拉式選單。

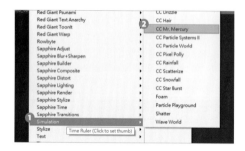

08

先點擊❶「Simulation」，出現選單後，再點擊❷「CC Mr. Mercury」。

09

套用完CC Mr. Mercury效果後，預覽畫面會出現類似液態的視覺效果。

10

為了能較明顯看到第一個圖層的預覽效果，暫時先關閉第二個圖層的眼睛。

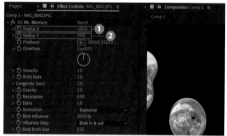

11

在Effect Controls的面板上，調整CC Mr. Mercury效果的❶「Radius X」和❷「Radius Y」。【註：此處在調整X和Y的半徑距離；可拉動時間軸來預覽特效效果。】

12

點擊 Animation 的 ❶「˅」，出現下拉
式選單，點擊 ❷「Direction」。【註：
因為預設的動態是爆炸效果，所有東西
都會放射狀噴射，故選擇「Direction 方
向」，讓它們以方向性的方式移動。】

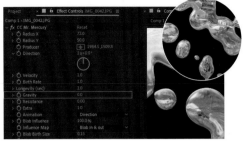

13

將 Gravity 的數值設定為「0」。【註：
因為是模擬玻璃上的水滴，要盡量讓它
在原地，所以要將「Gravity 重力」調
整為 0。】

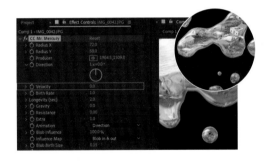

14

將 Velocity 的數值設定為「0」。【註：
因為此時特效仍會讓液態往外擴散，所
以將「Velocity 粒子離開加速度」調整
為 0。】

15

將 Longevity(sec) 的數值設定為「5」。
【註：因為希望雨滴在畫面上存留的時
間拉長，故將「Longevity(sec) 粒子存
活時間」拉長。】

16

將 Birth Rate 設定為「0.8」。【註：因希望
雨滴的數量不要太多，故將「Birth Rate 生長
速率」調慢。】

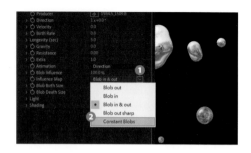

17

將Blob Birth Size設定為❶「0.05」，而
Blob Death Size設定為❷「0.30」。【註：
因希望雨滴剛出現時較小，消失時較大，
以製造出水滴從小到大且往下移動的視
覺效果，所以「Blob Birth Size泡泡誕生
大小」的數值需要比「Blob Death Size泡
泡消失大小」更小。】

18

點擊 Influence Map 的❶「∨」，出現下
拉式選單，點擊❷「Constant Blobs」。

19

打開第二個圖層的眼睛，準備進行合
成。

20

關閉❶「第一個圖層的眼睛」後，點
擊❷「第二個圖層」。

21

點擊「Effect」，出現下拉式選單。

22

先點擊❶「Blur & Sharpen」，出現選單後，再點擊❷「Gaussian Blur」。

23

打開❶「第一個圖層的眼睛」後，在 Effect Controls 面板中，將 Blurriness 設定為❷「25」。【註：此處在設定模糊程度；可依個人喜好設定。】

24

點擊第一個圖層，準備調整雨滴的光源，或光的亮度。

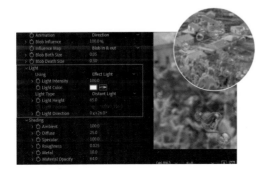

25

在 Effect Controls 面板中，在「Light」的部分進行適度的調整。【註：此處在設定光澤度、高光、金屬感等，可依當下合成的適合度做調整。】

26

點擊「Effect」，出現下拉式選單。

27

點擊❶「Blur & Sharpen」，出現選單，再點擊❷「Fast Box Blur」。【註：因雨滴看起來太銳利，故套用特效，使雨滴看起來稍微模糊一些。】

28

最後，按下「空白鍵」預覽動畫，即完成雨滴特效製作。

07

影像輸出的方法

METHOD OF VIDEO OUTPUT

從AE中將製作完成的影像輸出的方法可分為：❶「直接從AE輸出」，❷「透過Media Encoder輸出」，以下分別說明。

Section 01 直接輸出

01

點擊欲輸出的合成。

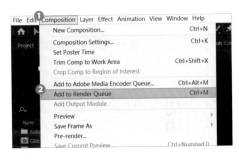

02

先 點 擊 ❶「Composition」，出 現 下拉式選單，再點擊 ❷「Add to Render Queue」。

03

出現 Render Queue 的編輯視窗，點擊「Best Settings」。

04

出現視窗，先點擊 Quality 的 ❶「∨」，
出現下拉式選單，再點擊 ❷「Best」。

05

點擊「OK」。

06

點擊「High Quality」。

07

出現視窗，先點擊 Format 的 ❶「∨」，
出現下拉式選單，再點擊 ❷「DXV 3」。
【註：須選擇 Arena 支援的素材檔案格式，
詳細說明請參考 P.132。】

08

點擊「OK」。

09

點擊「Comp 4.mov」。【註：此處會出
現步驟 1 欲輸出的合成名稱。】

10

出現視窗，選擇欲存檔的資料夾位置後，先輸入 ❶「檔案名稱」，再點擊 ❷「存檔」。

11

點擊「Render」，並等待 AE 完成算圖後，即完成直接輸出。

 透過 Media Encoder 輸出

Media Encoder 為 Adobe 的軟體，若使用者的電腦有安裝此軟體，就能選擇透過 Media Encoder 輸出 AE 的檔案。

透過 Media Encoder 輸出，使用者可在輸出檔案時，繼續操作 AE，製作其他的 VJ 素材；但若是從 AE 直接輸出，就只能靜待檔案輸出完畢後，才能繼續操作 AE 並製作 VJ 素材。

01

先點擊 ❶「File」，出現下拉式選單後，再點擊 ❷「Export」。

02

出現選單，點擊「Add to Adobe Media Encoder Queue...」。

03

出現 Encoder 視窗，可在 Queue 視窗
找到欲輸出的 ❶「Comp 1」，並點擊
❷「Format」的下拉式選單。

04

出現下拉式選單後，點擊欲輸出的影
片格式。【註：此處以「QuickTime」為
例。】

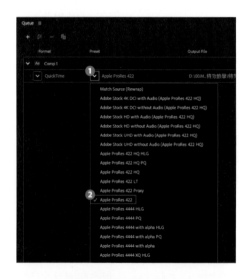

05

先 點 擊 Apple ProRes 422 的 ❶「∨」，
出現下拉式選單，再點擊欲 ❷「輸出的
QuickTime 格式」。【註：此處以「Apple
ProRes 422」為例。】

06

點擊 ❶「QuickTime」或 ❷「Apple ProRes
422」，分別為 Format 和 Preset 下方的藍色
文字。

07

出現視窗，可調整影片細項的內容，尺寸、影格率、聲音格式等。

08

調整完後，點擊「OK」。

09

點擊「E:\Comp 1.mov」，為 Output File 下方的藍色文字，可選擇檔案輸出後的儲存位置。

10

點擊「▶」，會開始進行輸出的運算，待停止運算後，即完成影像輸出。

大揭密
從零開始掌握軟體操作
與舞台視覺設計

書　　　名	VJ 大揭密：從零開始掌握軟體操作與舞台視覺設計
作　　　者	王韋衫（33）
主　　　編	譽緻國際美學企業社・莊旻嬑
助 理 編 輯	譽緻國際美學企業社・許雅容
美　　　編	譽緻國際美學企業社・羅光宇
封 面 設 計	洪瑞伯
部分圖片提　　　供	Infamous Visual 展悅設計有限公司、耀進有限公司、鎂燦光電股份有限公司、諾亞媒體股份有限公司
協 助 校 正	Infamous Visual 展悅設計有限公司
發 行 人	程顯灝
總 編 輯	盧美娜
美 術 編 輯	博威廣告
製 作 設 計	國義傳播
發 行 部	侯莉莉
財 務 部	許麗娟
印 務	許丁財
法 律 顧 問	樸泰國際法律事務所許家華律師
藝 文 空 間	三友藝文複合空間
地 址	106 台北市安和路 2 段 213 號 9 樓
電 話	（02）2377-1163

出 版 者	四塊玉文創有限公司
總 代 理	三友圖書有限公司
地 址	106 台北市安和路 2 段 213 號 9 樓
電 話	（02）2377-4155、（02）2377-1163
傳 真	（02）2377-4355、（02）2377-1213
E - m a i l	service@sanyau.com.tw
郵 政 劃 撥	05844889 三友圖書有限公司
總 經 銷	大和圖書股份有限公司
地 址	新北市新莊區五工五路 2 號
電 話	（02）8990-2588
傳 真	（02）2299-7900
初 版	2023 年 09 月
定 價	新臺幣 495 元
I S B N	978-626-7096-52-9（平裝）

國家圖書館出版品預行編目（CIP）資料

VJ大揭密 ： 從零開始掌握軟體操作與舞台視覺設計 / 王韋衫作. -- 初版. -- 臺北市 : 四塊玉文創有限公司, 2023.09
　面 ； 公分
　ISBN 978-626-7096-52-9(平裝)

1.CST: 數位影像處理 2.CST: 舞臺設計

312.837　　　　　　　　　　　112012981

三友官網　　三友 Line@

五味八珍的餐桌
品牌故事

60 年前，傅培梅老師在電視上，示範著一道道的美食，引領著全台的家庭主婦們，第二天就能在自己家的餐桌上，端出能滿足全家人味蕾的一餐，可以說是那個時代，很多人對「家」的記憶，對自己「母親味道」的記憶。

程安琪老師，傳承了母親對烹飪教學的熱忱，年近 70 的她，仍然為滿足學生們對照顧家人胃口與讓小孩吃得好的心願，幾乎每天都忙於教學，跟大家分享她的烹飪心得與技巧。

安琪老師認為：烹飪技巧與味道，在烹飪上同樣重要，加上現代人生活忙碌，能花在廚房裡的時間不是很穩定與充分，為了能幫助每個人，都能在短時間端出同時具備美味與健康的食物，從 2020 年起，安琪老師開始投入研發冷凍食品。

也由於現在冷凍科技的發達，能將食物的營養、口感完全保存起來，而且在不用添加任何化學元素情況下，即可將食物保存長達一年，都不會有任何質變，「急速冷凍」可以說是最理想的食物保存方式。

在歷經兩年的時間裡，我們陸續推出了可以用來做菜，也可以簡單拌麵的「鮮拌醬料包」、同時也推出幾種「成菜」，解凍後簡單加熱就可以上桌食用。

我們也嘗試挑選一些熟悉的老店，跟老闆溝通理念，並跟他們一起將一些有特色的菜，製成冷凍食品，方便大家在家裡即可吃到「名店名菜」。

傳遞美味、選材惟好、注重健康，是我們進入食品產業的初心，也是我們的信念。

冷凍醬料做美食

程安琪老師研發的冷凍調理包，讓您在家也能輕鬆做出營養美味的料理。

冷凍醬料的 5 大優點

省調味 × 超方便 × 輕鬆煮 × 多樣化 × 營養好

選用國產天麴豬，符合潔淨標章認證要求，我們在材料和製程方面皆嚴格把關，保證提供令大眾安心的食品。

三友官網

五味八珍的
餐桌官網

五味八珍的
餐桌 FB

程安琪
鮮拌味 FB

程安琪入廚
40 年 FB

五味八珍的
餐桌 LINE @

聯繫客服 電話：02-23771163　傳真：02-23771213

程安琪

冷凍醬料調理包

冷凍家常菜

香菇蕃茄紹子

歷經數小時小火慢熬蕃茄，搭配香菇、洋蔥、豬絞肉，最後拌炒獨家私房蘿蔔乾，堆疊出層層的香氣，讓每一口都衝擊著味蕾。

雪菜肉末

台菜不能少的雪裡紅拌炒豬絞肉，全雞熬煮的雞湯是精華更是秘訣所在，經典又道地的清爽口感，叫人嘗過後欲罷不能。

一品金華雞湯

使用金華火腿（台灣）、豬骨、雞骨熬煮八小時打底的豐富膠質湯頭，再用豬腳、土雞燜燉2小時，並加入干貝提升料理的鮮甜與層次。

麻辣紹子

麻與辣的結合，香辣過癮又銷魂，採用頂級大紅袍花椒，搭配多種獨家秘製辣椒配方，雙重美味、一次滿足。

北方炸醬

堅持傳承好味道，鹹甜濃郁的醬香，口口紮實、色澤鮮亮、香氣十足，多種料理皆可加入拌炒，迴盪在舌尖上的味蕾，留香久久。

靠福·烤麩

一道素食者可食的家常菜，木耳號稱血管清道夫，花菇為菌中之王，綠竹筍含有豐富的纖維質。此菜為一道冷菜，亦可微溫食用。

3種快速解凍法

想吃熱騰騰的餐點，就是這麼簡單

1. 回鍋解凍法

將醬料倒入鍋中，用小火加熱至香氣溢出即可。

2. 熱水加熱法

將冷凍調理包放入熱水中，約2～3分鐘即可解凍。

3. 常溫解凍法

將冷凍調理包放入常溫水中，約5～6分鐘即可解凍。

私房菜

純手工製作，交期較久，如有需要請聯繫客服
02-23771163

程家大肉

紅燒獅子頭

頂級干貝 XO 醬